PLC与变频器控制项目实训

PLC YU BIAN PIN QI KONG ZHI XIANG MU SHI XUN

主编 林发枝 副主编 何通

U0351856

经济管理出版社
ECONOMY & MANAGEMENT PUBLISHING HOUSE

图书在版编目（CIP）数据

PLC与变频器控制项目实训/林发枝主编. —北京：经济管理出版社，2018.2
ISBN 978-7-5096-5500-9

Ⅰ.①P…　Ⅱ.①林…　Ⅲ.①PLC技术②变频器　Ⅳ.①TM571.6②TN773

中国版本图书馆CIP数据核字（2017）第278937号

组稿编辑：魏晨红
责任编辑：魏晨红
责任印制：黄章平
责任校对：陈　颖

出版发行：经济管理出版社
　　　　　（北京市海淀区北蜂窝8号中雅大厦A座11层　100038）
网　　址：www.E-mp.com.cn
电　　话：（010）51915602
印　　刷：北京市海淀区唐家岭福利印刷厂
经　　销：新华书店
开　　本：787mm×1092mm/16
印　　张：12
字　　数：250千字
版　　次：2018年2月第1版　　2018年2月第1次印刷
书　　号：ISBN 978-7-5096-5500-9
定　　价：38.00元

编委会

前　言

可编程序控制器（PLC）是应用十分广泛的通用微机控制装置，是自动控制系统中的关键设备，具有结构简单、体积小、编程容易、使用灵活方便、抗干扰能力强、可靠性高等一系列优点。它在工业生产的许多领域，如机械、电力、石油、煤炭、化工、轻纺、交通、食品、环保、轻工、建材、冶金等工业部门得到了广泛的应用，已经成为工业自动化的三大支柱之一。它是生产过程自动化必不可少的智能设备，掌握PLC的编程方法和应用技巧，是每一位电子类技术人员必须具备的基本能力之一。

本书结合电子专业教学要求及办学特色，突出中等职业教育特点，参照机电类行业的职业技能鉴定规范和中级技术工人等级标准编写。

本书有以下特色：

（1）以能力培养为目标，注重PLC的实际应用。以项目引领、任务驱动的方式构建教材内容，基于工作过程系统化的教育理念，以教、学、做一体化的教学模式，使学生在做中学、学中做，做学相结合，学生在完成任务的过程中，能够掌握PLC的基础知识、基本技能，从而培养学生的职业技能。

（2）本书以三菱FX系列PLC为主，介绍了PLC的基础知识、系统设计、软件编程和系统调试等方面的内容。全书选取了六个具有代表性的项目，每个项目采用工作过程系统化的教学思路，包括学习目标、工作情景描述、项目拓展、习题等内容。包含了"明确任务、任务准备、任务实施、任务反馈与评价"。结合工作情景，以完成典型任务为主线，将PLC课程相关理论知识点穿插其中，使学生在增加专业认同感的同时掌握重要知识点。

（3）本书特设有附录部分，主要向读者介绍了西门子S7-200PLC应用的基础知识，可供读者学习，提高读者对不同品牌型号PLC的认识与掌握其使用技巧。

（4）本书配套有相应的电子课件、电子教案和试题库等课程资源，方便教师和学生使用。

本书由平南县中等职业技术学校林发枝任主编，何通任副主编。本书在编写过程中，得到了当地企业机电类教育专家、校企合作企业有关专家的指导和帮助，在此致以诚挚的谢意！

由于时间和水平有限，书中难免有错漏及疏忽之处，敬请广大读者批评指正。

编　者
2017年8月

目　录

项目一

认识 PLC

【学习目标】

知识目标：

（1）了解 PLC 的概念、结构、工作原理及基本的编程指令。

（2）了解 PLC 类型及型号定义。

（3）熟悉 PLC 编程软件的使用。

技能目标：

能正确使用编程软件，能规范编写控制程序。

情感目标：

（1）培养自主学习的能力。

（2）培养团队协作的能力。

【工作情景描述】

自 20 世纪以来，传统的电动机继电器控制系统虽然能够在一定范围内适应单机和自动化生产线的控制需要。但是，随着工业现代化的迅猛发展，生产规模的扩大和产品更新换代的周期缩短，继电器控制系统逐渐暴露出其使用的单一性和控制功能简单等缺点。所以，采用 PLC 控制技术十分有必要。通过本项目学习，认识 PLC 的软、硬件结构及工作原理，初步掌握 PLC 编程软件的使用。

学习活动 1 明确任务

一个 PLC 控制系统由硬件和软件两大部分组成。本任务中我们将一起来学习 PLC 硬件结构、工作原理及软件相关知识。

软件是指根据系统控制要求设计的用户程序。我们学习 PLC 就是通过编写程序实现用输入设备控制输出设备，使生产过程实现自动控制。

学习活动 2　任务准备

知识点一　PLC 基本概述

一、PLC 的概念

可编程控制器（Programmable Controller，PC），为了与个人计算机的 PC 相区别，用 PLC 表示。PLC 是在传统的顺序控制器的基础上引入了微电子技术、计算机技术、自动控制技术和通信技术而形成的一代新型工业控制装置。国际电工委员会（IEC）颁布了对 PLC 的规定：可编程控制器是一种专门为在工业环境下应用而设计的数字运算操作的电子装置。它采用可编程序的存储器，用来在其内部存储执行逻辑运算、顺序运算、定时、计数和算术运算等操作的指令，并能通过数字式或模拟式的输入输出，控制各种类型的机械或生产过程。可编程控制器及其有关的外围设备都应该按易于与工业控制系统形成一个整体和易于扩展其功能的原则而设计。

二、PLC 的结构

PLC 主要由中央处理器（CPU）、存储器、电源、输入/输出单元四部分构成。如图 1-1 所示。

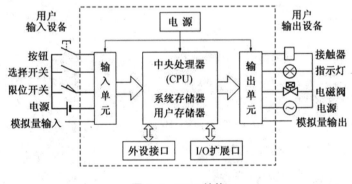

图 1-1　PLC 结构

1. 中央处理器（CPU）

CPU 是 PLC 的核心部分，其功能为：从存储器中读取指令、执行指令、准备下一条指令及处理中断。

2. 输入/输出（I/O）接口

I/O 接口是 PLC 与输入/输出设备连接的部件。输入接口接受输入设备（如按钮、传感器、触点、行程开关等）的控制信号。输出接口是将经主机处理后的结果通过功放电路去驱动输出设备（如接触器、电磁阀、指示灯等）。I/O 点数即输入/输出端子数是 PLC 的一项主要技术指标，通常小型机有几十个点，中型机有几百个点，大型机将超过千点。

3. 电源单元

图 1-1 中电源是指为 CPU、存储器、I/O 接口等内部电子电路工作所配置的直流开关稳压电源，通常也为输入设备提供直流电源。PLC 的供电电源一般交流为 220V，直流为 24V。

4. 存储器

PLC 内部存储器分为系统存储器和用户存储器。

系统存储器：用以存放系统程序，包括管理程序、监控程序以及对用户程序做编译处理的解释编译程序。由只读存储器 ROM 组成，供厂家使用，内容不可更改，断电不消失。

用户存储器：分为用户程序存储区和工作数据存储区。由可读/写操作的随机存储器（RAM）组成。供用户使用，断电内容消失。常用高效的锂电池作为后备电源，寿命一般为 3~5 年。

三、PLC 的工作过程

PLC 的工作原理：PLC 采用循环扫描的工作方式，其工作过程包括以下 5 个阶段：

1. 自诊断

即 PLC 对本身内部电路、内部程序、用户程序等进行诊断，看是否有故障发生，若有异常，PLC 不会执行后面通信、输入采样、执行程序、输出刷新等过程，处于停止状态。

2. 通信

PLC 会对用户程序及内部应用程序进行数据的通信过程。

3. 输入采样

PLC 每次在执行用户程序之前，会对所有的输入信号进行采集，判断信号是接通还是断开，然后把判断完的信号存入"输入映像寄存器"，然后开始执行用户程序，程序中信号的通与断就根据"输入映像寄存器"中信号的状态来执行。

4. 执行用户程序

即 PLC 对用户程序逐步逐条地进行扫描的过程。

5. 输出刷新

PLC 在执行过程中，当扫描用户程序执行到 END（即一个扫描周期结束）后，PLC 就进入输出刷新阶段。在此期间，CPU 按照 I/O 映像区内对应的状态和数据刷新所有的输出锁存电路，再经输出电路驱动相应的外部设备。这时，才是 PLC 的真正输出。

四、PLC 的编程语言

不同厂家、不同型号的 PLC 的编程语言只能适应自己的产品。IEC 中的 PLC 编程语言标准中有五种编程语言：顺序功能图编程语言、梯形图编程语言、功能块图编程语言、指令语句表编程语言、结构文本编程语言。下面介绍最常用的梯形图编程语言、指令语句表编程语言。

1. 梯形图编程语言

梯形图是在原继电器—接触器控制系统的继电器梯形图基础上演变而来的一种图形语言。它是目前用得最多的 PLC 编程语言，如图 1-2 所示。

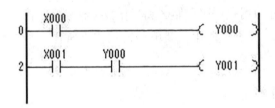

图 1-2　梯形图示例

提示：

梯形图表示的并不是一个实际电路，而只是一个控制程序，其间的连线表示的是它们之间的逻辑关系，即所谓"软接线"。对常开触点、常闭触点、线圈要注意：它们并非是物理实体，而是"软继电器"。每个"软继电器"仅对应 PLC 存储单元中的一位。该位状态为"1"时，对应的继电器线圈接通，其常开触点闭合、常闭触点断开；状态为"0"时，对应的继电器线圈不通，其常开、常闭触点保持原态。

梯形图编程格式如下：

（1）梯形图按行从上至下编写，每一行从左往右顺序编写。PLC 程序执行顺序与梯形图的编写顺序一致。

（2）图左、右边垂直线称为起始母线、终止母线。每一逻辑行必须从起始母线开始画起，终止于继电器线圈或母线（有些 PLC 终止母线可以省略）。

（3）梯形图的起始母线与线圈之间一定要有触点，而线圈与终止母线之间则不能有任何触点。

2. 指令语句表编程语言

助记符语言类似于计算机汇编语言，用一些简洁易记的文字符号表达PLC的各种指令，一般包括三部分：步序号、操作码和操作数，如图1-3所示。同一厂家的PLC产品，其助记符语言与梯形图语言是相互对应的，可互相转换。助记符语言常用于手持编程器中，梯形图语言则多用于计算机编程环境中。

步序号　操作码　操作数

0	LD	X000
1	OUT	Y000
2	LD	X001
3	AND	Y000
4	OUT	Y001

图1-3　语句表示例

五、三菱 FX 系列 PLC 的命名方式

FX 系列 PLC 是三菱公司后期的产品。三菱公司的可编程序控制器可分为 F、F1、F2、FX0、FX1N、FX2N 和 FX3U 七个系列，其中 F 系列是早期产品。

FX 系列 PLC 基本单元和扩展单元的型号是由字母和数字组成，其型号格式为FX□-□□□□，如图1-4所示。

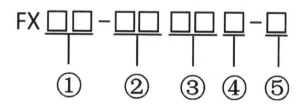

图1-4　三菱 PLC 的型号含义

其中方框的含义从左到右依次如下：

（1）系列序号：有 0、1、2、0N、0S、2C、2N 等，即 FX0、FX1、FX2、FX0N、FX0S、FX2C、FX2N 等。

（2）I/O 总点数：16~256（以 FX2N 为例）。

（3）单元类型：M——基本单元；E——输入/输出混合扩展单元或扩展模块；EX——输入扩展模块；EY——输出扩展模块。

（4）输出形式：R——继电器输出；S——晶闸管输出；T——晶体管输出。

（5）特殊品种区别：D——直流电源，直流输入；A——交流电源，交流输入或交流输入模块；S——独立端子（无公共端）扩展模块；H——大电流输出扩展模块；V——立式端子排的扩展模块；F——输入滤波器 1ms 的扩展模块；L——TTL 输入型扩展模块；C——接插口输入输出方式。

若无特殊品种区别，通常为 AC 电源，DC 输入，横式端子排，继电器输出为 2A/点，晶体管的输出为 0.5A/点，晶闸管输出为 0.3A/点。

例如，FX2N-48MR 表示为 FX2N 系列，I/O 总点数为 48，该模块为基本单元，采用继电器输出。

知识点二　PLC 工作原理

PLC 是采用"顺序扫描，不断循环"的方式进行工作的。即在 PLC 运行时，CPU 根据用户按控制要求编制好并存于用户存储器中的程序，按指令步序号（或地址号）做周期性循环扫描，从第一条指令开始逐条顺序执行用户程序，直至程序结束。然后重新返回第一条指令，开始下一轮新的扫描。PLC 扫描过程如图 1-5 所示，PLC 工作过程如图 1-6 所示。

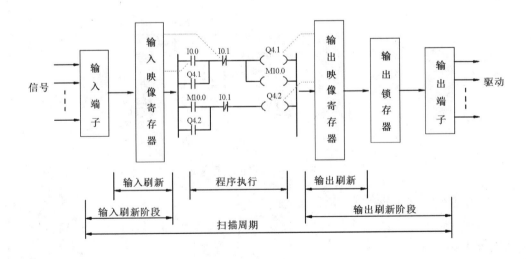

图 1-5　PLC 扫描过程

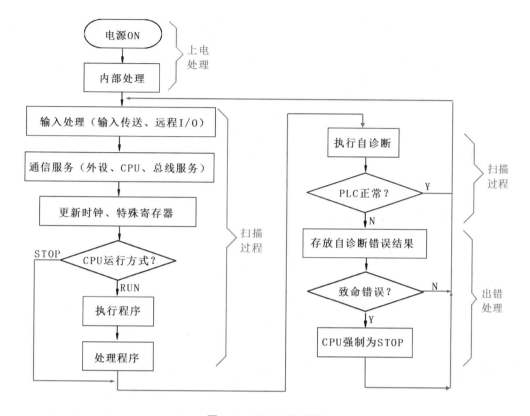

图1-6 PLC工程过程

知识点三 认识三菱PLC编程软件

一、安装第一步：预安装

打开光盘，进入"G：\ 软件 \ GX-DEVELOPER-8.34中文版"，"G"为光盘，双击"EnvMEL"文件夹。如图1-7所示。

（1）双击"SETUP.EXE"，进行安装。如图1-8所示。

（2）单击"下一个"按钮，弹出"欢迎"界面，如图1-9所示。

（3）单击"下一个"按钮，弹出"信息"对话框，如图1-10所示。

（4）单击"下一个"按钮，弹出"设置完成"对话框，如图1-11所示。

（5）单击"结束"按钮，完成预安装。

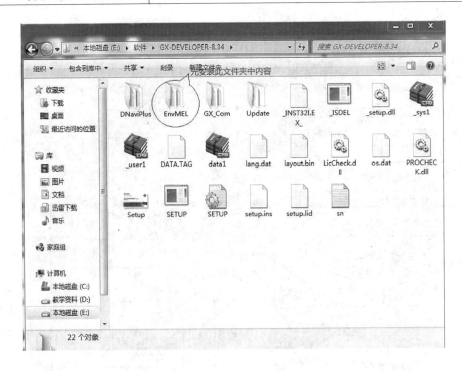

图 1-7　安装文件主界面

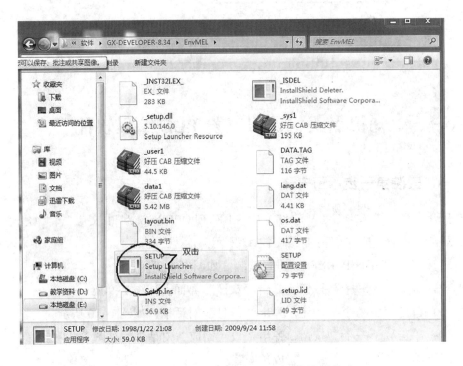

图 1-8　GX-DEVELOPER-8.34 安装文件

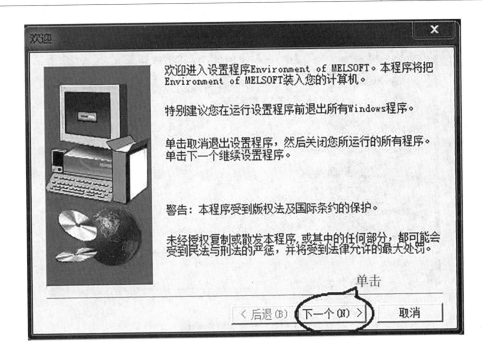

图 1-9 "欢迎"界面

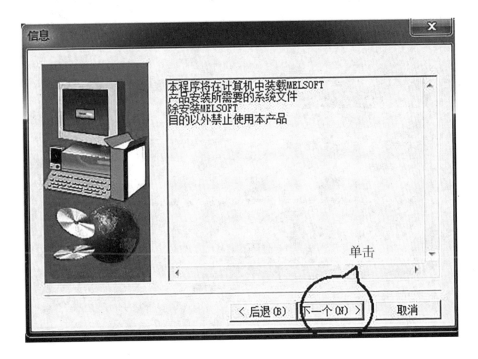

图 1-10 "信息"对话框

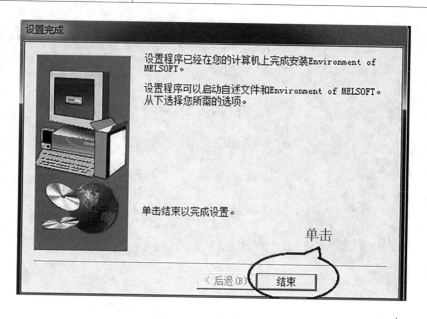

图 1-11　设置完成对话框

二、安装第二步：安装 GX-DP

打开光盘，进入"G：\ 软件 \ GX-DEVELOPER-8.34 中文版"，"G"为光盘，其安装文件如图 1-12 所示。

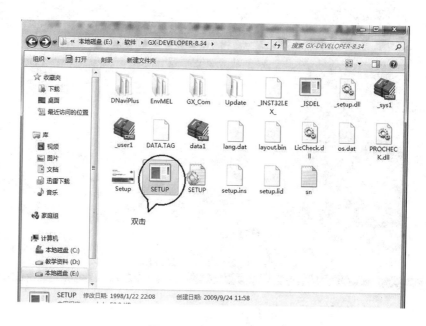

图 1-12　软件安装文件

（1）双击"SETUP. EXE"进行安装，进入如图1-13所示对话框。

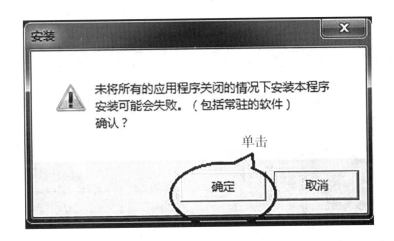

图1-13 安装对话框

（2）单击"确定"后，自动出现"欢迎"界面，如图1-14所示。

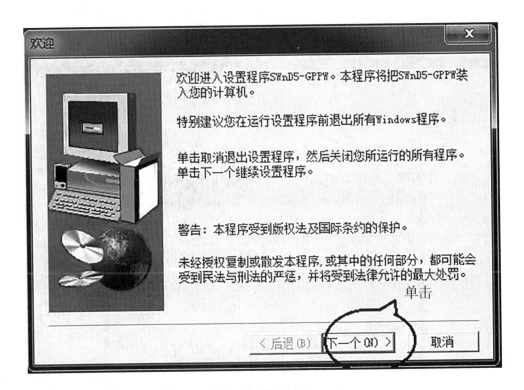

图1-14 安装对话框

（3）单击"下一个"按钮，弹出"用户信息"对话框，在"姓名"、"公司"名称之后的文本框中输入相关信息，如图 1-15 所示。

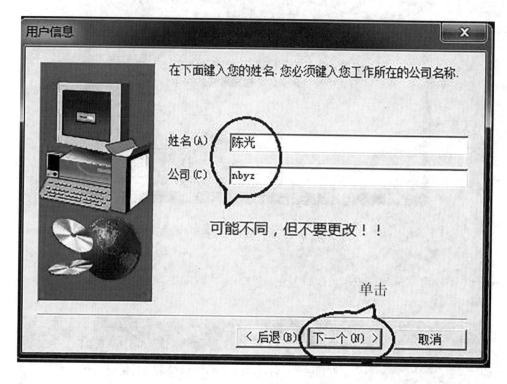

图 1-15 "用户信息"对话框

（4）单击"下一个"按钮，弹出"注册确认"对话框，如图 1-16 所示。

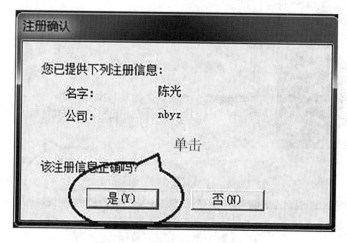

图 1-16 "注册确认"对话框

（5）单击"是"按钮，弹出"输入产品序列号"对话框。输入该软件的产品序列号，如图 1-17 所示。

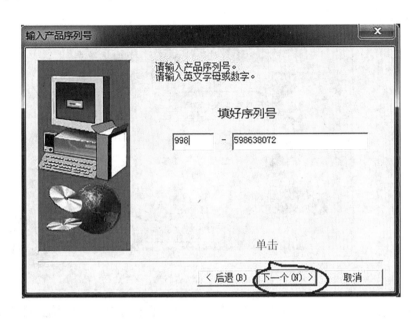

图 1-17 "输入产品序列号"对话框

（6）单击"下一个"按钮，弹出"选择部件"对话框，一般不需要选中"监视专用 GX Developer"复选框，如图 1-18 所示。

图 1-18 "选择部件"对话框之一

（7）继续单击"下一个"按钮，在"选择部件"对话框中一般选中"MEDOC 打印文件的读出"、"从 Melsec Medoc 格式导入"、"MXChange 功能"复选框，如图 1-19 所示。

图 1-19　"选择部件"对话框之二

（8）单击"下一个"按钮，软件进入"选择目标位置"对话框，如图 1-20 所示。

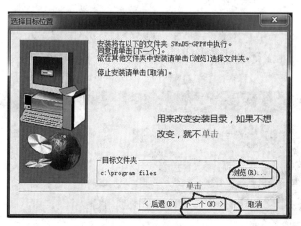

图 1-20　"选择目标位置"对话框

（9）单击"下一个"按钮，软件进入安装设置界面，如图 1-21 所示。

（10）软件安装结束后，弹出"信息"对话框，如图 1-22 所示。单击"确定"按钮，完成 GX Developer 编程软件的安装任务。

图1-21 安装设置界面

图1-22 "信息"对话框

（11）安装结束后，软件将在桌面上建立一个和GX Developer相对应的图标，同时在桌面"开始"、"所有程序"菜单项中建立一个"MELSOFT应用程序"、"GX Developer"选项，如图1-23所示。选择GX Developer选项，就可以启动GX Developer软件。

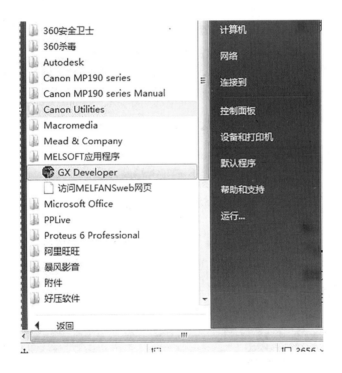

图1-23 GX Developer 选项

15

知识点四　GX Developer 软件的使用

一、新建工程

（1）双击桌面图标 ，进入编程软件的界面，如图 1-24 所示。

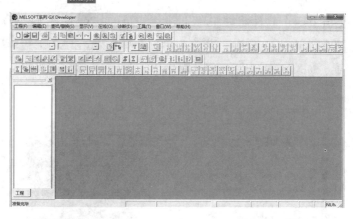

图 1-24　GX Developer 编程软件界面

（2）单击 或单击主菜单"工程"／"创建新工程"，弹出如图 1-25 所示对话框，选择 PLC 的系列和类型。PLC 系列选择"FXCPU"，PLC 类型选择"FX2N（C）"，然后单击"确认"，出现梯形图编辑窗口，如图 1-26 所示。单击图标 ，能使窗口进行梯形图/指令表显示切换，如图 1-27 所示。

图 1-25　PLC 类型设置

图1-26　梯形图编程窗口

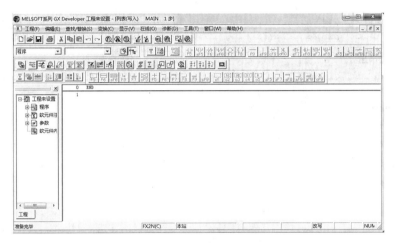

图1-27　指令表编程窗口

二、保存工程

单击"工程保存",弹出如图1-28所示的工程保存对话框。

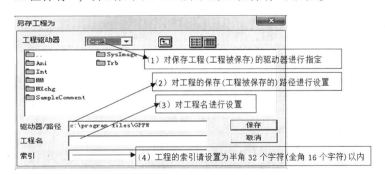

图1-28　"工程保存"对话框

三、打开文件

设置示例：

保存的工程名：TEST1

索引：测试程序 1

工程保存目录：A：\ GPPW \ GX Developer

安装目录：C：\ MELSEC \ GPPW

操作步骤：

（1）"工程" → "打开工程"，如图 1-29 所示。

（2）将工程驱动器从 ［-c-］ 变更为 ［-d-］。

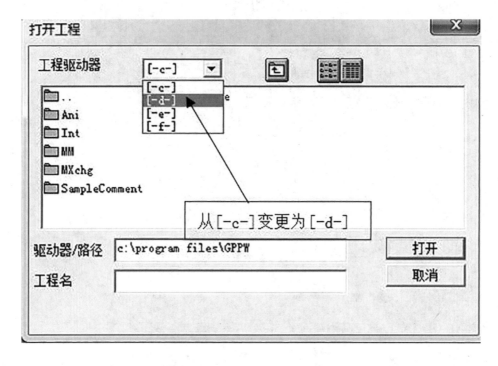

图 1-29 "打开工程" 对话框

（3）双击画面中所显示的 "Plc 学习"，对工程路径进行指定，如图 1-30 所示。

（4）单击画面中所显示的 "0"，指定打开工程名，单击 "打开" 按钮，打开所指定的工程，如图 1-31 所示。

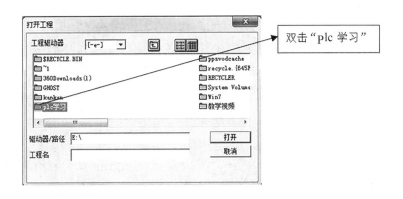

图 1-30 "工程路径"对话框

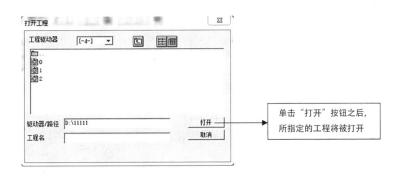

图 1-31 工程名打开

四、梯形图编辑

采用梯形图编程即是在"用户编辑区"中绘出梯形图。梯形图是 PLC 中使用最广泛的编程语言,所以熟练掌握梯形图编程操作是至关重要的。在画梯形图时,使用最多的功能图符号如图 1-32 所示。

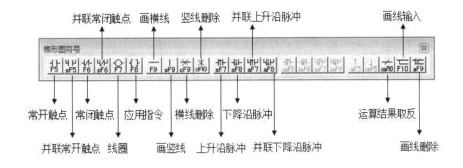

图 1-32 "梯形图标记"工具栏

1. 常开触点的输入方法

用鼠标单击 "$\begin{matrix}\text{⊣⊢}\\\text{F5}\end{matrix}$" 图形符号或者按 F5 快捷键可弹出如图 1-33 所示的 "梯形图输入" 对话框。

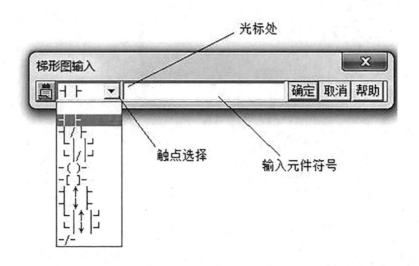

图 1-33 "梯形图输入" 对话框

在 "触点选择" 栏旁的下拉列框中有可选择的常开、常闭、并联常开、并联常闭、线圈、应用指令、上升沿脉冲、下降沿脉冲、并联上升沿脉冲、并联下降沿脉冲和取反输出触点类型，选择需要的触点符号，并在光标闪烁的空白处输入元件符号，完成常开触点的输入后单击 "确定" 按钮。

例如，输入常开触点 X003，如图 1-34 所示。

图 1-34 X003 常开触点输入示意图

完成后单击 "确定" 按钮，GX Developer 程序编辑的主界面如图 1-35 所示。

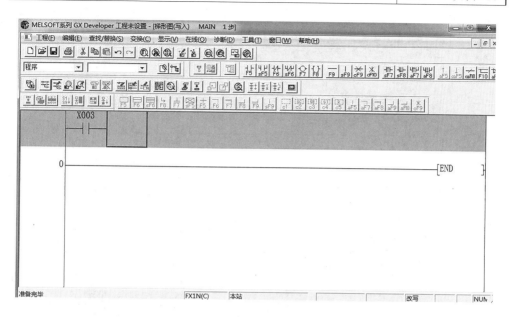

图 1-35 输入 X003 后的编程软件主界面

2. 常闭触点的输入方法

鼠标单击 "$\frac{\text{¬/}\vdash}{\text{F6}}$" 图形符号或者按 F6 快捷键可弹出 "梯形图输入" 对话框，其操作方法同常开触点的输入。例如，输入常闭触点 X001，如图 1-36 所示。

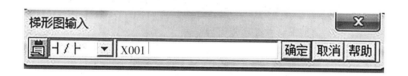

图 1-36 X001 常闭触点输入示意图

完成后单击 "确定" 按钮，GX Developer 程序编辑的主界面如图 1-37 所示。

如果在输入过程中出现如图 1-38 所示的错误。此时，单击 "确定" 按钮后，就会弹出如图 1-39 所示的 "指令帮助" 对话框，在该对话框 "指令选择" 标签中选择合适的指令，再单击 "确定" 按钮。

例如，输入输出线圈 Y000，如图 1-40 所示。

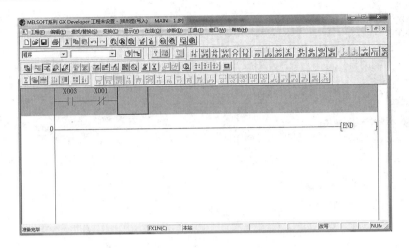

图 1-37　输入 X001 后的编程软件主界面

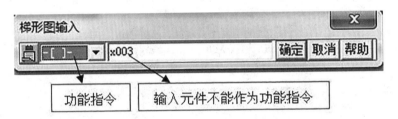

图 1-38　输入触点有误

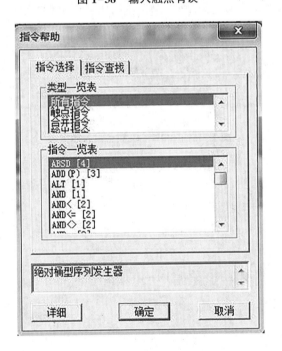

图 1-39　"指令帮助"对话框

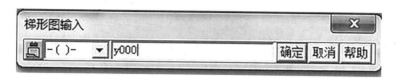

图 1-40 Y000 输出触点示意图

完成后单击"确定"按钮，GX Developer 程序编辑的主界面如图 1-41 所示。

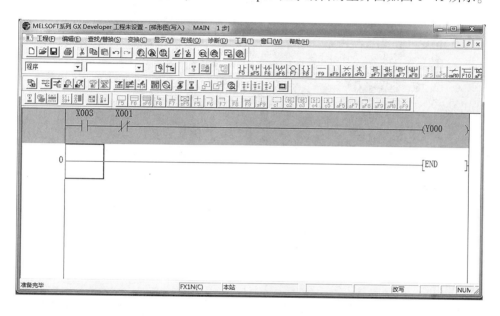

图 1-41 输入 Y000 后的编程软件主界面

3. 并联触头的输入方法

单击"![sF5]"图形符号或者按 Shift+F5 快捷键，可弹出如图 1-44 所示的"梯形图输入"对话框，其操作方法同"常开触点的输入方法"。

例如，输入常开触点 Y000，如图 1-42 所示。完成后单击"确定"按钮，GX Developer 程序编辑的主界面如图 1-43 所示。

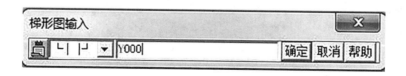

图 1-42 Y000 并联常开触点输入示意图

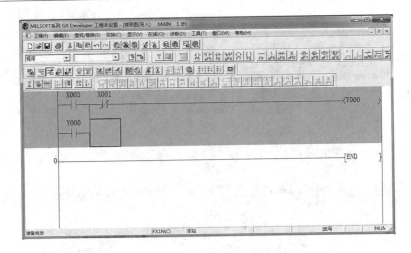

图 1-43 并联 Y000 后的编程软件主界面

4. 划线的写入（由竖线变为横线）

（1）将光标定位到要写入划线的位置。划线写入的基准是以光标反向的左侧为始点。

（2）常用如下两种方法写入划线：

- 单击"F10"图形符号，通过拖曳光标写入划线，如图 1-44 所示。

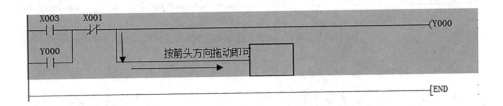

图 1-44 拖曳写入划线示意图

- 按快捷键 F10 后，再按 Shift+方向键写入划线，如图 1-45 所示。

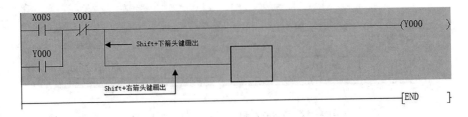

图 1-45 使用功能键写入划线

24

5. 竖线写入方法

单击"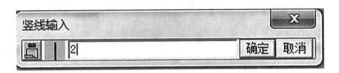"图形符号或者按 Shift+F9 快捷键，可弹出"竖线输入"对话框，输入竖线写入的数量。如果不输入写入数量，只能写一条竖线。

例如，输入 2 条竖线，如图 1-46 所示。

图 1-46 竖线输入示意图

完成后单击"确定"按钮，GX Developer 程序编辑的主界面如图 1-47 所示。

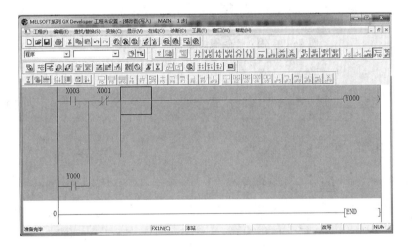

图 1-47 输入 2 条竖线后的编程软件主界面

6. 横线输入

单击""图形符号或者按 F9 快捷键，可弹出"横线输入"对话框，输入横线写入的数量。如果不输入写入数量，就只能写一条横线。

例如，输入 2 条横线，如图 1-48 所示。

图 1-48 横线输入示意图

完成后单击"确定"按钮，GX Developer 程序编辑的主界面如图 1-49 所示。

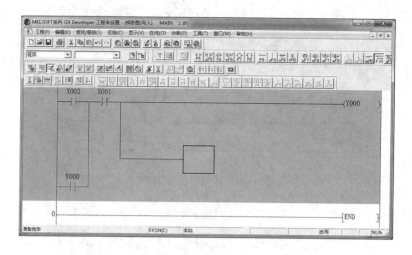

图 1-49 输入 2 条横线后的编程软件主界面

7. 删除划线

（1）将光标定位到要写入划线的位置。划线写入的基准是以光标反向的左侧为始点。

（2）常用如下两种方法写入划线：

• 鼠标单击"![图形符号]"图形符号后，在需要删除的划线上使用鼠标拖曳即可删除。

• 按快捷键 Alt+F9 后，再按 Shift+方向键，在需要删除的划线上进行移动即可删除。

同理，删除横线和竖线时，分别用"![图形符号]"、"![图形符号]"图形符号，对应的快捷键分别是 Ctrl+F9、Ctrl+F10。操作方法与"删除划线"相同。

8. 删除触点/线圈

将光标移至要删除的触点处，通过键盘 Delete 键，进行梯形图触点的删除。

例如，要删除 X003，如图 1-50 所示。

图 1-50 要删除的元件示意图

通过按 Delete 键，GX Developer 程序编辑的主界面如图 1-50 所示。

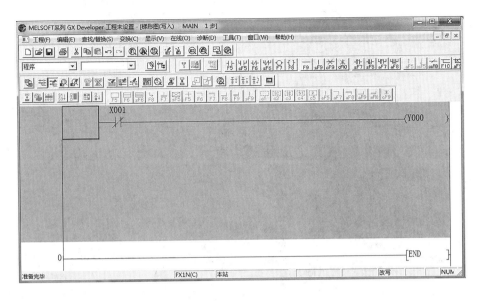

图 1-51 删除 X003 后编程软件主界面

同理，线圈的删除，操作方法与"触点的删除"相同。

9. 创建软元件注释

在梯形图中，通过软元件的创建注释，可以使程序易于阅读。具体设置步骤如下：

（1）将光标移动到创建软元件注释的位置，例如 X003。

（2）单击如图 1-52 所示的" [图形符号] "图形符号，然后双击 X003 软元件，弹出如图 1-53 所示的"注释输入"对话框，在文本框中输入文字"启动"。

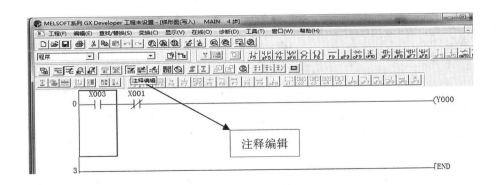

图 1-52 创建软元件"注释编辑"

图 1-53　"注释输入" 对话框

（3）单击"确定"按钮。出现如图 1-53 所示 X003 软元件注释信息。至此，软元件的注释信息创建完毕。

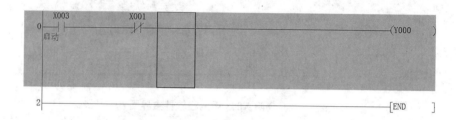

图 1-54　注释信息

拓展阅读——GX Developer8. 34 编程软件的界面简介

双击桌面上的 GX Developer 图标即可启动 GX Developer 软件，其窗口如图 1-55 所示。GX Developer8. 34 的窗口由标题栏、菜单栏、快捷工具栏、编辑窗口和管理窗口等组成。

1. 菜单栏

GX Developer 共有 10 个下拉菜单，每个下拉菜单又有若干菜单项。菜单的使用方法与目前办公软件菜单项的使用方法基本相同。常用菜单项都有相应的快捷键按钮，GX Developer 的快捷键直接显示在相应菜单项的右边。

2. 快捷工具栏

GX Developer 共有 8 个快捷工具栏，即标准、数据切换、梯形图符号、程序、注释、软元件内存、SFC 和 SFC 符号。选择"显示"→"工具条"命令，则弹出

"工具条"对话框，如图1-56所示。常用的有标准、梯形图符号、程序工具栏，将鼠标指针停留在快捷按钮上片刻即可获得该按钮的提示信息。

图1-55 GX Developer窗口

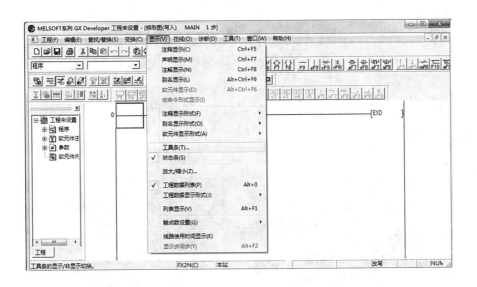

图1-56 "工具条"对话框

3. 编辑窗口

PLC程序需要在编辑窗口进行输入和编辑，其使用方法与其他的编辑软件相似。在GX Developer中常用的编辑键的用途如表1-1所示。

表1-1　在 GX Developer 中常用的编辑键的用途

键名字	用途	键名字	用途
Page Up	梯形图/列表等的显示页面向上翻页	Ctrl+Home	在梯形图模式的情况下，光标移动到0步
Page Down	梯形图/列表等的显示页面向下翻页	Ctrl+End	在梯形图模式的情况下，光标移动到END 指令处
Insert	在光标位置插入空格	Scroll Lock	禁止向上、向下滚动
Delete	删除光标位置的字符	Num Lock	将数字键部分作为专业数字键使用
Home	光标移动到原来位置	↑　↓ ←　→	光标的移动、梯形图/列表等显示行的滚动

4. 管理窗口

用于实现项目管理、修改等功能。

学习活动3　任务实施

步骤一　熟悉 PLC 结构

（1）进入 PLC 实训室，熟悉实训环境和实训室的安全规章制度。

（2）查看各种类型的 PLC 实物图，能说出其具体的名称（见图1-57）。

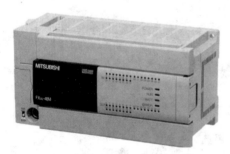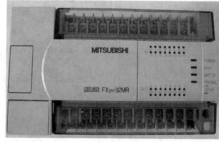

图 1-57　PLC 实物图

（3）认识 FX2N-32MR 机型 PLC 面板，并能解释该型号中各个参数的意义。

步骤二　熟悉三菱 FX 系列编程软件使用

（1）根据图 1-58 所示梯形图片段在 GX Developer 程序编辑器中编写出相应的指令程序。

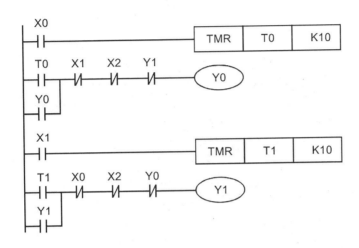

图 1-58　梯形图片段

（2）系统调试。将在编程软件中编写好的程序下载到三菱 PLC 中，填写调试情况记录表（见表 1-2）。

表 1-2　调试情况记录表

序号	项目	调试要求	完成情况记录			备注
			第一次试车	第二次试车	第三次试车	
1	PLC 联机	能正确与计算机连接 连接电缆选择是否正确 端口连接是否正确 波特率设置是否正确	完成（　） 无此功能（　）	完成（　） 无此功能（　）	完成（　） 无此功能（　）	
2	程序输入	能正确地将所编程序输入计算机；指令输入熟练、操作正确、注释清晰、书写规范	完成（　） 无此功能（　）	完成（　） 无此功能（　）	完成（　） 无此功能（　）	
3	程序下载	准确将所编程序下载到PLC；下载方法正确，操作熟练	完成（　） 无此功能（　）	完成（　） 无此功能（　）	完成（　） 无此功能（　）	

学习活动 4　任务反馈与评价

对整个项目学生的完成情况进行评价和考核，具体评价规则如表 1-3 所示。

表 1-3　项目评分标准

评价内容	序号	主要内容	考核要求	评分细则	配分	扣分	得分
职业素养与操作规范（80分）	1	工作前准备	熟悉实训室的安全规章制度	任务实施过程中，违反实训室的安全规章制度，每项扣 1 分	5		
	2	任务准备	知识点的熟悉掌握	（1）知识点一，PLC 基本概述掌握 （2）知识点二，了解 PLC 工作原理 （3）知识点三，认识 PLC 编程软件 （4）知识点四，熟悉 GX Developer 软件的使用 如未达到目标要求，每项扣 5 分	20		
	3	认识 PLC 实物	认识各种类型 PLC 实物	（1）说出各类型 PLC 实物名称 （2）说出 PLC 面板上其型号各参数的意义 如未达到目标要求，每项扣 10 分	20		
	4	程序编写	在编程软件中，正确规范化编写样例程序段	（1）指令输入熟练 （2）操作正确 （3）注释清晰、书写规范 如未达到目标要求，每项扣 5 分	15		
	5	程序下载	将编写的程序下载到 PLC 中	（1）计算机与 PLC 联机，连接正确，通信成功 （2）程序下载到 PLC 硬件中 如未达到目标要求，每项扣 5 分	10		
	6	清洁	工具摆放整齐；工作台面清洁	乱摆放工具、仪表，乱丢杂物，完成任务后不清理工位，扣 5 分	5		
	7	安全生产	安全着装；按维修电工操作规程进行操作	（1）没有安全着装，扣 5 分 （2）如出现人员受伤、设备损坏事故，成绩为 0 分	5		

评价内容	序号	主要内容	考核要求	评分细则	配分	扣分	得分
作品 （20分）	8	程序编写	能在编程软件中正确编写控制程序	能在编程软件中正确、规范化地编写控制程序，如未达到目标要求，每个目标扣5分	10		
	9	联机	实现 PC 端与 PLC 联机	如未将 PC 机与 PLC 正确的连接，并成功实现通信功能，扣5分	5		
	10	程序下载	能将编写的程序下载到 PLC 中	如未将软件中编写的控制程序成功下载到 PLC 硬件中，扣5分	5		
	评分人：			核分人：			

注：本测评采用扣分制，按照表中的评分细则进行打分，若每项所占分值已扣完，则此项为 0 分。

【项目拓展】

（1）查阅资料了解西门子 S7-200 系列 PLC 的概念、硬件结构和工作原理，并简述其答案。

（2）比较西门子 S7-200 系列 PLC 与三菱 FX 系列 PLC 在硬件结构和工作原理等方面的异同。

【习题】

一、填空题

1. PLC 主要由_____、_____、_____、_____、_____等组成。

2. PLC 内部存储器分为_____存储器和_____存储器。

3. PLC 的编程语言有_____等方式。

4. FX2N-48MR 表示为_____系列，I/O 总点数为_____，该模块为_____单元，采用_____输出。

二、选择题

1. 三菱 PLC 的编程软件是（   ）。

A. STEP7   B. STEP7 MicroWIN

C. GX Developer   D. TIA Portal

2. PLC 的工作方式是（   ）。

A. 等待工作方式   B. 中断工作方式

C. 扫描工作方式   D. 循环扫描工作方式

3. 下列说法中不正确的是（　　　　）。

A. M——辅助单元　　　　　　　B. E——输入/输出混合扩展单元或扩展项目

C. EX——输入扩展项目　　　　　D. EY——输出扩展项目

三、简答题

某个控制程序的梯形图的形式如图1-59所示。请将其转换为语句表的形式。

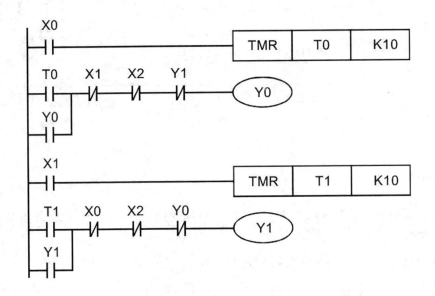

图 1-59　某个控制程序的梯形图的形式

项目二

三相异步电动机启停控制

【学习目标】

知识目标：

（1）掌握三菱 FX2N 系列 PLC 逻辑取、驱动线圈及触点串、并联指令。

（2）掌握梯形图和指令程序设计的基本方法和控制思想。

（3）掌握梯形图的编程规则、编程技巧和方法。

技能目标：

（1）能正确分析三相异步电动机启停控制要求。

（2）能完成三相异步电动机启停控制的软件程序编写及调试。

情感目标：

（1）培养学生对本专业的职业认同感，提高学生的职业技能和专业素质。

（2）提高学习能力，养成良好的思维和学习习惯。

（3）激发科学探索兴趣和求知欲，培养团队合作精神。

【工作情景描述】

在压缩机、水泵、切削机床、运输机械等设备中，石油、冶金、矿工、电站、工厂等工矿企业生产线中，都少不了三相异步电动机的使用。下面我们就一起来学习如何使用 PLC 控制三相异步电动机的启停，使其安全、稳定、高效率地在生产线上进行工作。

学习活动 1　明确任务

要求用 PLC 来控制三相异步电动机的启动和停止。

系统具体控制要求如下：

（1）按下启动按钮 SB1，电动机启动并连续运行。

（2）按下停止按钮 SB2 或热继电器 FR 动作时，电动机停止运行。

学习活动 2　任务准备

知识点一　逻辑取及驱动线圈指令（LD、LDI、OUT）

　　基本逻辑指令是 PLC 中最基础的编程语言，掌握了基本逻辑指令也就初步掌握了 PLC 的使用方法。PLC 生产厂家很多，其梯形图的形式大同小异，指令系统也大致一样，只是形式稍有不同。三菱 FX2N 系列 PLC 基本逻辑指令共有 27 条，下面我们一起来学习相关指令的含义和梯形图编制的基本方法。

　　逻辑取及驱动线圈指令（LD、LDI 和 OUT）的符号、功能和梯形图表示方法如表 2-1 所示。

表 2-1　逻辑取及驱动线圈指令表示法

指令符号（名称）	功能	梯形图示法	可选操作元件
LD（取）	常开触点逻辑运算起始	⊣ ⊢	X、Y、M、T、C、S
LDI（取非）	常闭触点逻辑运算起始	⊣/⊢	X、Y、M、T、C、S
OUT（输出）	线圈驱动	（ ）	Y、M、T、C、S

使用说明：

　　如图 2-1 所示，LD 指令和 LDI 指令对应的触点用于与母线相连，用于将常开触点与常闭触点接到母线上。OUT 指令是驱动线圈的指令，可用于输出继电器、辅助继电器、定时器、计数器、状态寄存器（此知识点在后续学习中进行介绍）的驱动，但不能用于输入继电器。

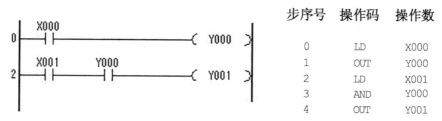

步序号	操作码	操作数
0	LD	X000
1	OUT	Y000
2	LD	X001
3	AND	Y000
4	OUT	Y001

图 2-1　LD、LDI、OUT 使用说明

知识点二　触点串、并联指令

一、触点串联指令（AND、ANI）

触点串联指令的指令符号、功能和梯形图表示方法如表 2-2 所示。

表 2-2　触点串联指令表示法

指令符号（名称）	功能	梯形图示法	可选操作元件
AND（与）	常开触点串联	----┤├----┤├----	X、Y、M、T、C、S
ANI（与非）	常闭触点串联	----┤├----┤/├----	X、Y、M、T、C、S

使用说明：

如图 2-2 所示，单个触点与左边电路串联时，使用 AND 和 ANI 指令，对串联触点的个数没有限制。触点串联指令是用来描述单个触点与别的触点或触点组成电路的连接关系。

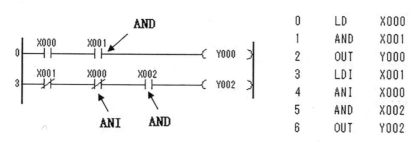

0	LD	X000
1	AND	X001
2	OUT	Y000
3	LDI	X001
4	ANI	X000
5	AND	X002
6	OUT	Y002

图 2-2　AND、ANI 使用说明

37

二、触点并联指令 (OR、ORI)

触点并联指令的指令符号、功能和梯形图表示方法如表 2-3 所示。

表 2-3 触点并联指令表示法

指令符号（名称）	功能	梯形图示法	可选操作元件
OR（或）	常开触点并联		X、Y、M、T、C、S
ORI（或非）	常闭触点串联		X、Y、M、T、C、S

使用说明:

如图 2-3 所示，OR、ORI 指令均用于单个触点与前面电路的并联指令，并联触点的左端到该指令所在电路块的起始点（LD 点）上，右端与前一条指令对应的触点的右端相连。

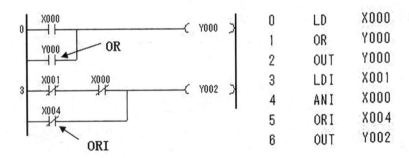

图 2-3 OR、ORI 使用说明

知识点三 热继电器

一、热继电器 (FR) 的概念

热继电器的工作原理是由流入热元件的电流产生热量，使有不同膨胀系数的双金属片发生形变，当形变达到一定距离时，就推动连杆动作，使控制电路断开，从而使接触器失电，主电路断开，实现电动机的过载保护。由于热量传递需要较长的时间，故热继电器不能用作短路保护。实物及电气符号如图 2-4 所示，热继电器原理如图 2-5 所示。

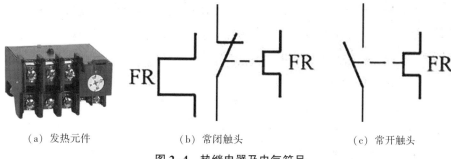

（a）发热元件 　　（b）常闭触头 　　（c）常开触头

图 2-4　热继电器及电气符号

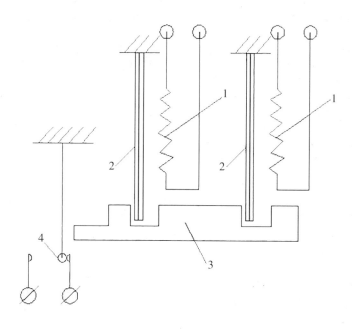

1—热元件；2—双金属片；3—导板；4—触点

图 2-5　双金属片式热继电器原理

二、热继电器的选用

热继电器的保护对象是电动机，故选用时应了解电动机的技术性能、启动情况、负载性质以及电动机允许过载能力等。

1. 长期稳定工作的电动机

可按电动机的额定电流选用热继电器，取热继电器整定电流的 0.95~1.05 倍或中间值等于电动机额定电流，使用时要将热继电器的整定电流调至电动机的额定电流。

2. 应考虑电动机的绝缘等级及结构

由于电动机绝缘等级不同，其允许温升和承受过载的能力也不同。在同样条件下，绝缘等级越高，过载能力就越强。即使所用绝缘材料相同，但电动机结构不同，在选用热继电器时也应有所差异。例如，封闭式电动机散热比开启式电动机差，其过载能力比开启式电动机低，热继电器的整定电流应为电动机额定电流的 60%~80%。

3. 应考虑电动机的启动电流和启动时间

电动机的启动电流一般为额定电流的 5~7 倍。对于不频繁启动、连续运行的电动机，在启动时间不超过 6 秒的情况下，可根据电动机的额定电流选用热继电器。

4. 若用热继电器做电动机缺相保护，应考虑电动机的接法

对于 Y 形接法的电动机，当某相断线时，其余未断相绕组的电流与流过热继电器电流的增加比例相同。一般的三相式热继电器，只要整定电流调节合理，是可以对 Y 形接法的电动机实现断相保护的。对于 △ 形接法的电动机，其相断线时，流过未断相绕组的电流与流过热继电器的电流增加比例则不同。也就是说，流过热继电器的电流不能反映断相后绕组的过载电流，因此，一般的热继电器，即使是三相式，也不能为 △ 形接法的三相异步电动机的断相运行提供充分保护。此时，应选用 JR20 型或 T 系列这类带有差动断相保护功能的热继电器。

5. 应考虑具体工作情况

若要求电动机不允许随便停机，以免遭受经济损失，只有发生过载事故时，方可考虑让热继电器脱扣。此时，选取热继电器的整定电流应比电动机额定电流偏大一些。

热继电器只适用于对不频繁启动、轻载启动的电动机进行过载保护。对于正、反转频繁转换以及频繁通断的电动机，如起重用电动机则不宜采用热继电器做过载保护。

三、热继电器的安装

热继电器安装的方向、使用环境和所用连接线都会影响动作性能，安装时应引起注意。

1. 热继电器的安装方向

热继电器的安装方向很容易被忽视。热继电器是电流通过发热元件发热，推动

双金属片动作。热量的传递有对流、辐射和传导三种方式，其中对流具有方向性，热量自下向上传输。在安放时，如果发热元件在双金属片的下方，双金属片就热得快，动作时间短；如果发热元件在双金属片的旁边，双金属片就热得较慢，热继电器的动作时间长。当热继电器与其他电器装在一起时，应装在电器下方且远离其他电器 50mm 以上，以免受其他电器发热的影响。热继电器的安装方向应按产品说明书的规定进行，以确保热继电器在使用时的动作性能相一致。

2. 使用环境

主要指环境温度，它对热继电器动作的快慢影响较大。热继电器周围介质的温度，应和电动机周围介质的温度相同，否则会破坏已调整好的配合情况。例如，当电动机安装在高温处而热继电器安装在低温处时，热继电器的动作将会滞后（或动作电流大）；反之，其动作将会提前（或动作电流小）。

对没有温度补偿的热继电器，应在热继电器和电动机两者环境温度差异不大的地方使用。对有温度补偿的热继电器，可用于热继电器与电动机两者环境温度有一定差异的地方，但应尽可能减少因环境温度变化带来的影响。

3. 连接线

热继电器的连接线除导电外，还起导热作用。如果采用的连接线太细，则连接线产生的热量会传到双金属片，加上发热元件沿导线向外散热少，从而缩短了热继电器的脱扣动作时间；如果采用的连接线过粗，则会延长热继电器的脱扣动作时间。所以，连接导线截面不可太细或太粗，应尽量采用说明书规定的或相近的截面积。

四、热继电器的调整

投入使用前，必须对热继电器的整定电流进行调整，以保证热继电器的整定电流与被保护电动机的额定电流匹配。例如，对于一台 10kW、380V 的电动机，额定电流 19.9A，可使用 JR20-25 型热继电器，发热元件整定电流为 17A—21A—25A，先按一般情况整定在 21A，若发现经常提前动作，而电动机温升不高，可将整定电流改至 25A 继续观察；若在 21A 时，电动机温升高，而热继电器滞后动作，则可改在 17A 观察，以得到最佳的配合。

五、常用热继电器类型

1. 双金属片式

利用膨胀系数不同的双金属片（如锰镍和铜片）受热弯曲这一作用去推动杠杆而使触头动作，如图 2-6 所示。

2. 热敏电阻式

利用金属的电阻值随温度变化而变化这一特性制成的热继电器，如图 2-7 所示。

图 2-6　双金属片式热继电器

图 2-7　热敏电阻式热继电器

3. 易熔合金式

利用过载电流发热使易熔合金达到某一温度值时就熔化这一特性，而使继电器动作，如图 2-8 所示。

图 2-8　易熔合金式热继电器

以上三种热继电器中，使用最多的是双金属片式热继电器，它通常与接触器组合成电磁启动器。

学习活动 3 任务实施

步骤一 系统功能分析

根据系统控制要求可知，SB1 是启动按钮，SB2 是停止按钮，当按下启动按钮 SB1 时，KM 线圈得电并自锁，电动机启动并连续运行；当按下停止按钮 SB2 或热继电器 FR 动作时，电动机停止运行。使用三菱 FX2N 系列 PLC 作为系统的控制器可以达到控制要求。

步骤二 I/O 地址分配

根据项目的控制要求，需要给系统分配一个启动按钮、一个停止按钮和一个热继电器开关，控制三相异步电动机启停的输出信号 KM，因此具体输入/输出地址分配如表 2-4 所示。

表 2-4 I/O 地址分配表

输入			输出		
输入设备	对应 PLC 端子	功能说明	输出设备	对应 PLC 端子	功能说明
SB1	X0	启动按钮	KM	Y0	接触器（电动机运行）
SB2	X1	停止按钮			
FR	X2	热继电器			

步骤三 主电路及 PLC 控制电路接线图

1. 主电路设计与绘制

根据系统功能分析，绘制该项目的主电路接线图，如图 2-9 所示。

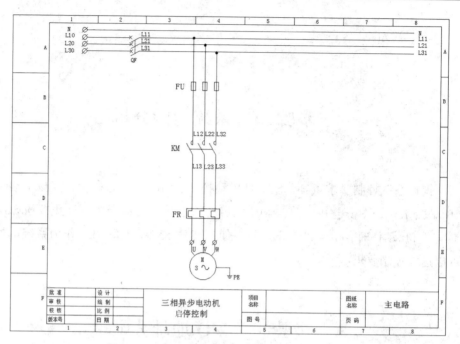

图 2-9　三相异步电动机启停控制主电路接线图

2. PLC 控制电路设计与绘制

根据系统功能分析及 I/O 地址分配表，绘制该项目的 PLC 控制电路接线图，如图 2-10 所示。

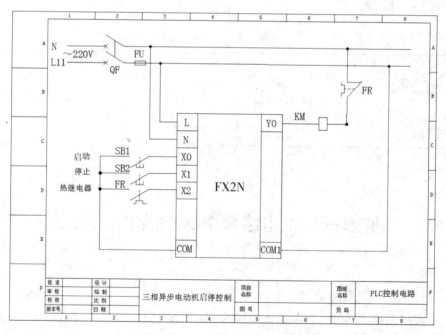

图 2-10　PLC 控制电路接线图

步骤四　器材准备

本项目实训所用元器件的清单，如表 2-5 所示。

表 2-5　三相异步电动机启停控制实训元器件清单

序号	名称	规格型号	单位	数量	备注
1	电源	AC 220V、380V			
2	低压断路器	DZ47LE-32 D6 AC380V	个	1	3P+N
3	低压断路器	DZ47LE-32 C6 AC220V	个	1	1P+N
4	常开按钮	DC 24V（非自锁）	个	2	
5	熔断器及配套熔芯	RT18-32	个	2	3P，1P
6	热继电器	JR36-20	个	1	
7	交流接触器	CJX2-3210	个	1	
8	三相异步电动机	YS-W6314 180W 380V 0.63A	台	1	
9	PLC 主机	FX2N-16MR-001 或自定	台	1	AC 220V
10	PLC 通信电缆	RS-232	根	1	
11	计算机	自定	台	1	
12	接线端子	自定	个	若干	
13	数字式万用表	MY60 或自定	台	1	

步骤五　程序设计

根据系统的控制要求，编写控制程序。三相异步电动机启停控制的梯形图编写如图 2-11 所示。

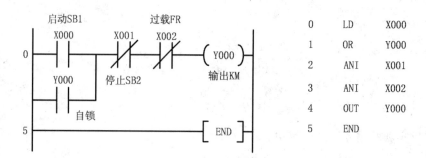

图 2-11　三相异步电动机启停控制梯形图（三菱 PLC）

步骤六　程序录入

将设计完成的程序样例，录入计算机中，程序输入的关键步骤如表 2-6 所示。

表 2-6　程序输入步骤

序号	内容	图示	操作提示
1	打开编程软件		双击程序图标，运行 MELSOFTI 系列 GX-Developer 编程软件
2	创建新工程		打开程序之后出现工作界面，鼠标菜单命令 [工程]—[创建新工程]
			(1)[PLC 系列]选 FXCPU (2)[PLC]类型选 FX2N (3)[程序类型]选梯形图 (4)并设置工程名

46

序号	内容	图示	操作提示
3	程序输入		程序输入，既可以单击菜单栏图标，也可以采用快捷键

步骤七　系统调试

控制程序录入完成后，检查程序是否有语法等错误。检查无误后，进行系统调试。

提示：

必须在教师的现场监护下进行通电调试。

通电调试，验证系统功能是否符合控制要求。调试过程主要分为以下三步：

（1）根据系统主电路及 PLC 控制电路接线图，检查 PLC 的 I/O 接口与外部信号控制开关是否连接正确。

（2）待控制程序下载到 PLC 中后，将 PLC 运行模式的选择开关拨到 RUN 位置，使 PLC 进入运行方式。

（3）调试程序并试运行，观察控制效果，并记录运行情况。

● 分别按下启动按钮 SB1 和停止按钮 SB2，对程序进行调试运行，观察程序的运行情况。若出现故障，应分别检查硬件电路接线和梯形图是否有误，修改后，应重新调试，直至系统按要求正常工作。

● 记录程序调试的结果（见表 2-7）。

表 2-7　系统功能调试情况记录表（学生填写）

序号	项目	完成情况记录			备注
		第一次试车	第二次试车	第三次试车	
1	按下启动按钮 SB1，电动机启动并连续运行	完成（　　）	完成（　　）	完成（　　）	
		无此功能（　　）	无此功能（　　）	无此功能（　　）	

续表

序号	项目	完成情况记录			备注
		第一次试车	第二次试车	第三次试车	
2	按下停止按钮SB2，电动机停止运行	完成（ ）	完成（ ）	完成（ ）	
		无此功能（ ）	无此功能（ ）	无此功能（ ）	
3	热继电器FR动作，电动机停止运行	完成（ ）	完成（ ）	完成（ ）	
		无此功能（ ）	无此功能（ ）	无此功能（ ）	

学习活动4　任务反馈与评价

对整个项目学生的完成情况进行评价和考核，具体评价规则如表2-8所示。

表2-8　项目评分标准

评价内容	序号	主要内容	考核要求	评分细则	配分	扣分	得分
职业素养与操作规范（100分）	1	任务准备	知识点掌握	(1) 逻辑取及驱动线圈指令（LD、LDI、OUT） (2) 触点串联指令（AND、ANI） (3) 触点并联指令（OR、ORI） (4) 热继电器概念 (5) 热继电器选用 (6) 热继电器安装 相关知识点未掌握每项扣5分	30		
	2	工作前准备	清点工具、仪表等	未清点工具、仪表等每项扣1分	5		
	3	安装与接线	按PLC控制电路接线图在实训台上正确安装，操作规范	(1) 未关闭电源开关，用手触摸电气线路或带电进行线路连接或改接，本项记0分 (2) 线路步骤不整齐、不合理，每处扣2分 (3) 损坏元件扣5分 (4) 接线不规范造成导线损坏，每根扣5分 (5) 不按I/O口接线图接线，每处扣2分	15		

续表

评价内容	序号	主要内容	考核要求	评分细则	配分	扣分	得分
职业素养与操作规范（100分）	4	程序输入与调试	会操作编程软件，将所编写的程序输入PLC，按照被控设备的动作要求进行模拟调试，达到控制要求	（1）不会操作编程软件输入程序，扣10分 （2）不会进行程序修改，扣10分 （3）不会联机下载调试程序，扣10分 （4）调试时造成元件损坏或者熔断器熔断，扣10分	40		
	5	安全文明生产	工具摆放整齐，工作台面清洁；安全着装；按维修电工操作规程进行操作	（1）乱摆放工具、仪表，乱丢杂物，完成任务后不清理工位，扣5分 （2）没有安全着装，扣5分 （3）出现人员受伤，设备损坏事故，成绩为0分	10		
评分人：				核分人：			

注：本测评采用扣分制，按照表中的评分细则进行打分，若每项所占分值已扣完，则此项为0分。

【项目拓展】

（1）使用三菱PLC实现三相异步电动机点动控制，按下按钮SB后电动机开始工作，松开按钮，电动机停止运行。根据控制要求，绘制出此任务的I/O分配表、主电路原理图、PLC控制电路原理图、器材准备表，进行程序设计，完成系统调试。

（2）将本项目的控制器更换为西门子S7-200系列PLC，实现三相异步电动机启停控制。根据学习活动1的任务要求，绘制出此任务的I/O分配表、主电路原理图、PLC控制电路原理图、器材准备表，进行程序设计，完成系统调试。

【习题】

一、填空题

1. LD指令的功能是_____。

2. LDI指令的功能是_____。

3. OUT 指令的功能是_____。

4. AND 指令的功能是_____。

5. ANI 指令的功能是_____。

6. OR 指令的功能是_____。

7. ORI 指令的功能是_____。

8. 热继电器安装时应注意：安装方向、使用环境、连接线_____。

二、选择题

1. 执行线圈驱动的指令是（　　　）。

A. AND　　　　B. OUT　　　　C. END　　　　D. INV

2. 热继电器在电路中做电动机的（　　　）保护。

A. 短路　　　B. 过载　　　C. 过流　　　D. 过压

项目三

三相异步电动机正反转控制

【学习目标】

知识目标：

（1）熟悉梯形图经验设计法的编程方法。

（2）熟记梯形图的编程规则、编程技巧和方法。

（3）掌握三菱 FX 系列 PLC 的基本逻辑指令系统。

技能目标：

（1）能正确应用基本逻辑指令。

（2）能利用 PLC 实现三相异步电动机双重互锁正/反转控制。

（3）能利用 PLC 进行三相异步电动机正反转控制的硬件电路连接。

（4）能利用 PLC 进行三相异步电动机正反转控制的软件程序编写及调试。

情感目标：

（1）培养学生对本专业的职业认同感，提高学生的职业技能和专业素质。

（2）提高学生的学习能力，养成良好的思维和学习习惯。

（3）激发学生的科学探索兴趣和求知欲，培养学生的团队合作精神。

【工作情景描述】

三相异步电动机的应用非常广泛，具有结构简单、效率高、控制方便、运行可靠、易于维修、成本低等优点，几乎涵盖了工农业生产和人类生活的各个领域。生产中许多机械设备往往要求运动部件能向正反两个方向运动，如机床工作台前进和后退、起重机的上升与下降等。随着工业技术快速发展，对于传统的继电器—接触器控制系统存在的不足，将采用 PLC 与接触器相结合来实现三相异步电动机的正反转控制。

学习活动 1　明确任务

现有一小型煤矿，需设计安装一台卷扬机，通过卷扬机带动一小车，把矿井里挖出的煤运到地面。具体控制过程为：井下工人按下"上井"按钮，卷扬机正转带动装满煤的小车，把煤运到地面。到地面后，按下"停止"按钮，卷扬机停止，卸煤。按下"下井"按钮，卷扬机反转带动装满煤的小车，小车下行到井里，按下"停止"按钮，卷扬机停止，继续装煤，如此循环工作。卷扬机控制模拟图如图 3-1 所示。

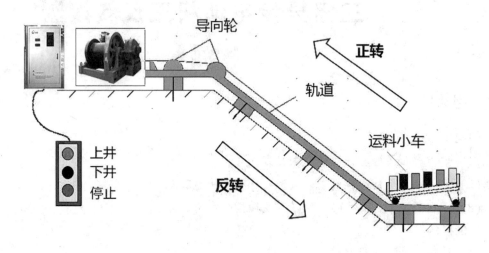

图 3-1　卷扬机控制模拟图

系统具体控制要求如下：

（1）按下"上井"按钮 P01，电机即正向启动，接触器 KM1 工作。

（2）按下"下井"按钮 P02，电机即反向启动，接触器 KM2 工作。

（3）电动机正反转不能同时进行。

（4）当按下停止按钮 P03 时，不管电机是正转还是反转都要停止。

（5）正反转可以任意切换。

学习活动 2　任务准备

知识点　PLC 的基本指令（部分）

三菱 FX2N 系列 PLC 共有 27 条基本指令，在实际应用中使用基本指令便可以编制出符合功能的控制程序。

一、电路块连接指令（ANB、ORB）

电路块连接指令 ANB、ORB 的符号、功能、梯形图等指令要素如表 3-1 所示。

表 3-1 电路块连接指令要素

指令符号（名称）	功能	梯形图示法	可选操作元件
ANB（块与）	并联电路块串联连接	X001 X003 —(Y000)— X002 X004	无
ORB（块或）	串联电路的并联连接	X001 X002 —(Y000)— X003 X004	无

使用说明：

（1）ANB（并联电路块与）为将并联电路块的始端与前一个电路串联连接的指令。并联电路块串联连接时，在支路始端用 LD 和 LDI 指令，在支路终端用 ANB 指令。ANB 指令不带操作数，其后不跟任何软元件编号，ANB 指令也是电路块之间的一段连接线。多重串联电路中，若每个并联块都用 ANB 指令顺次串联，则并联电路数不受限制。

（2）ORB（串联电路块或）为串联电路块之间的并联连接，相当于电路块间右侧的一段垂直连接线。要并联的电路块的起始触点使用 LD 或 LDI 指令，完成电路块的内部连接后，用 ORB 指令将它与前面的电路并联。ORB 指令能够连续使用，并联的电路块个数没有限制。

（3）ANB 是并联电路块的串联连接指令，ORB 是串联电路块的并联连接指令。ANB 和 ORB 指令都不带元件号，只对电路块进行操作，可以多次重复使用。但是，连续使用时，应限制在 8 次以下。

[例] 根据图 3-2 左侧中的梯形图写出相应的指令表。

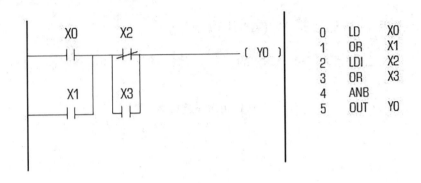

图 3-2 ANB 指令应用举例

提示：

按照两两串联的原则，在首次出现的两个并联块后应加一个 ANB 指令，此后每出现一个要串联的并联块，就要加一个 ANB 指令。当前面一个并联块结束时，应用 LD 或 LDI 指令开始后一个并联块。

二、置位与复位指令（SET、RST）

置位与复位指令 SET、RST 的符号、功能、梯形图等指令要素如表 3-2 所示。

表 3-2 置位与复位指令要素

指令符号（名称）	功能	梯形图示法	可选操作元件
SET（置位）	线圈得电保持 ON	X000 ——[SET Y000]—	Y、M、S
RST（复位）	线圈失电保持 OFF 或清除数据寄存器的内容	X000 ——[RST Y000]—	Y、M、S、C、D、V、Z、积 T

1. 指令定义

SET：置位指令，操作保持指令。其功能是驱动线圈，使其具有自锁功能，维持接通状态，使目标元件置"1"。

SET 指令的操作元件为输出继电器 Y、辅助继电器 M 和状态继电器 S。

RST：复位指令。其功能是使线圈复位，使目标元件复位清零，能用于多个控制场合。

RST 指令的操作元件为输出继电器 Y、辅助继电器 M、状态继电器 S、累积定时器 T、数据寄存器 D、变址寄存器 V 和 Z 以及计数器 C。

2. 指令使用说明

（1）SET 指令在线圈接通的时候就对软元件进行置位，只要置位了，除非用 RST 指令复位，否则将保持为"1"的状态。同样，RST 指令只要对软元件复位，将保持为"0"的状态，除非用 SET 指令置位。

（2）对同一软元件，SET、RST 指令可以多次使用，顺序随意，但以程序最后的指令有效。

（3）RST 指令对数据寄存器（D）、变址寄存器（V、Z）、定时器（T）和计数器（C），不论是保持还是非保持的都可以复位置零。

3. 指令应用

应用 SET 指令和 RST 指令实现电路的启—保—停，如图 3-3 所示。当 X0 闭合时，SET 指令使得线圈 Y0 得电并自锁。当 X1 闭合时，RST 指令使得线圈 Y0 复位。

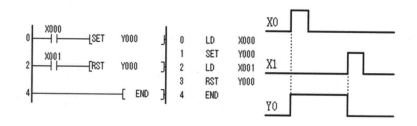

图 3-3　SET 指令和 RST 指令的应用

学习活动 3　任务实施

步骤一　系统功能分析

根据系统任务要求分析，三相异步电动机有两种不同的运行状态，分别是正转和反转，故本系统电路可由三相异步交流电动机、交流接触器、热继电器、低压断路器、熔断器、PLC 控制器等组成。系统电路包括主电路和控制电路两部分，在设计上，系统电源通断由 2 个低压断路器控制，使用 4 个熔断器作为系统短路保护，1 个热继电器作为系统过载保护，2 个交流接触器用于控制电动机的正、反转，3 个控制按钮分别作为系统的停止、正转及反转操作；其中主电路使用三相 380V 交流电源，控制电路可使用单相 220V 交流电源，系统控制器采用三菱 FX2N 系列可编程控制器。

步骤二　I/O 地址分配

根据项目的控制要求，需要给系统分配 1 个正转启动按钮、1 个反转启动按钮、1 个停止按钮和一个过载保护，所以以输入 PLC 的控制信号为 4 个，即给 PLC 分配 4 个输入端点。而输出有两个，分别表示电机正转和反转。具体地址分配如表 3-3 所示。

表 3-3　I/O 地址分配

输入			输出		
输入继电器	电路元件	作用	输出继电器	电路元件	作用
X0	SB1（常开触点）	正转启动按钮	Y0	KM1	正转接触器
X1	SB2（常开触点）	反转启动按钮	Y1	KM2	反转接触器
X2	SB3（常开触点）	停止按钮			
X4	FR（常开触点）	过载保护			

步骤三　主电路及 PLC 控制电路接线图

一、主电路设计与绘制

根据系统功能分析，绘制该项目的主电路接线图，如图 3-4 所示。

二、PLC 控制电路设计与绘制

根据系统功能分析及 I/O 地址分配表，绘制该项目的 PLC 控制电路接线图，如图 3-5 所示。

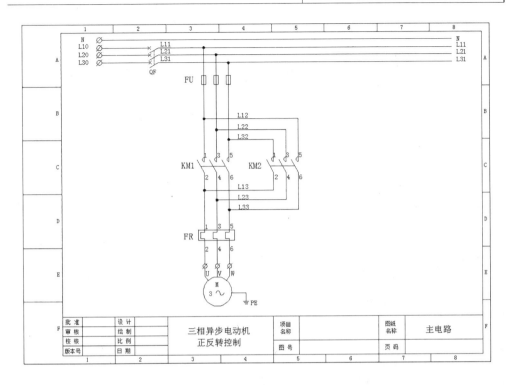

图 3-4　三相异步电动机正反转控制主电路接线图

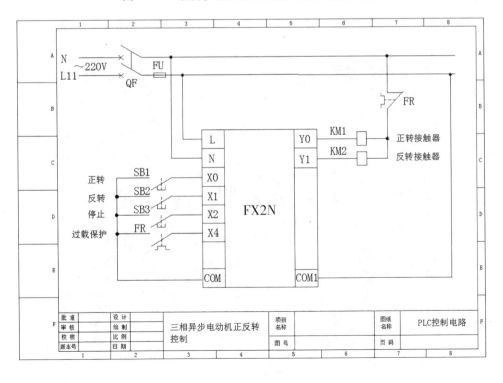

图 3-5　PLC 控制电路接线图

57

步骤四　器材准备

（1）根据任务的具体内容，选择工具和仪表，如表3-4、图3-6所示。

表3-4　工具、仪表选用

序号	工具或仪表名称	型号或规格	数量	作用
1	一字螺丝刀	100mm	1	电路连接与元器件安装
2	一字螺丝刀	150mm	1	电路连接与元器件安装
3	十字螺丝刀	100mm	1	电路连接与元器件安装
4	十字螺丝刀	150mm	1	电路连接与元器件安装
5	尖嘴钳	150mm	1	
6	斜口钳	选择	1	
7	剥线钳	选择	1	
8	电笔	选择	1	
9	万用表	选择	1	

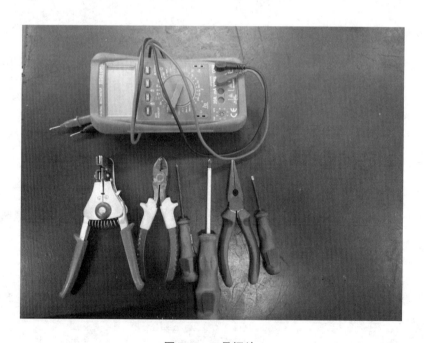

图3-6　工具摆放

（2）列出本项目所需设备的清单，如表 3-5 所示。

表 3-5　设备明细

序号	名称	规格型号	单位	数量	备注
1	电源	AC 220V、380V			
2	低压断路器	DZ47LE-32 D6 AC380V	个	1	3P+N
3	低压断路器	DZ47LE-32 C6 AC220V	个	1	1P+N
4	常开按钮	DC 24V（非自锁）	个	3	
5	熔断器及配套熔芯	RT18-32	个	2	3P，1P
6	热继电器	JR36-20	个	1	
7	交流接触器	CJX2-3210	个	2	
8	三相异步电动机	YS-W6314 180W 380V 0.63A	台	1	
9	PLC 主机	FX2N-16MR-001 或自定	台	1	AC 220V
10	PLC 通信电缆	RS-232	根	1	
11	计算机	自定	台	1	
12	接线端子	自定	个	若干	
13	数字式万用表	MY60 或自定	台	1	

步骤五　程序设计

根据电动机连锁控制的控制要求，编写梯形图程序。编写程序可以采用逐步增加、层层推进的方法，如表 3-6 所示。

表 3-6　梯形图绘制

步骤	梯形图	说明
1		电机正转（自锁）
2		电机反转（自锁）

续表

步骤	梯形图	说明
3		正转时不能反转、反转时不能正转（互锁）
4		不管是正转还是反转，按下停止开关，电机停止
5		当发生过载时，电机停止
6		总程序

提示:

上述程序在没有辅助触点互锁的控制情况下，用软件实现电机正反转时，由于 PLC 的运行时间很快，而接触器的触点响应速度过慢，在正转与反转相互切换的时候，容易导致在切换的瞬间正反转接触器的触点同时接通造成短路。

 想一想

在正转与反转相互切换的时候，容易导致在切换的瞬间由于正反转接触器的触点同时接通而造成短路，如何解决这个问题？

方法一：更改程序，采用定时器进行延时，如图 3-7 所示。

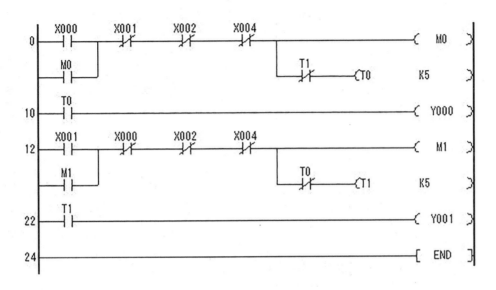

图 3-7 更改程序

方法二：在控制电路接线中，采用接触器辅助触点互锁，如图 3-8 所示。

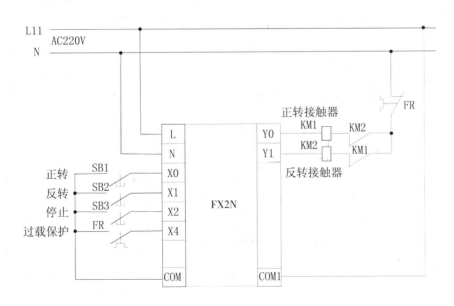

图 3-8 控制电路

步骤六　程序录入

将设计完成的程序样例（见图3-7），录入计算机中，程序输入的关键步骤如表3-7所示。

表3-7　程序输入步骤

序号	内容	图示	操作提示
1	打开编程软件	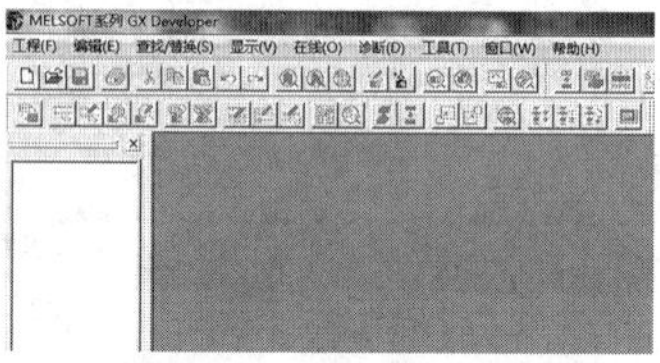	双击程序图标，运行 MELSOFTI 系列 GX-Developer 编程软件
2	创建新工程	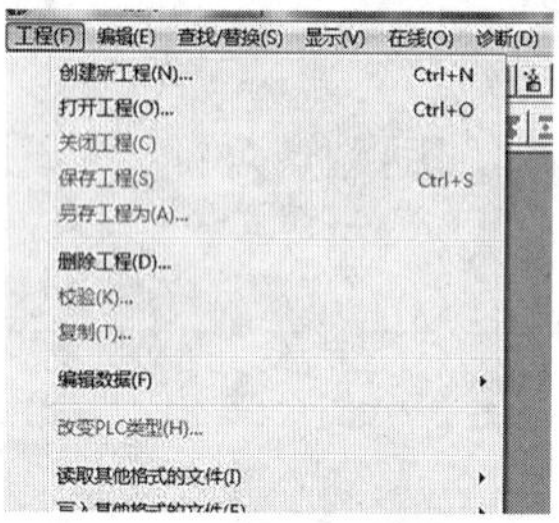	打开程序之后出现工作界面，鼠标菜单命令［工程］—［创建新工程］
		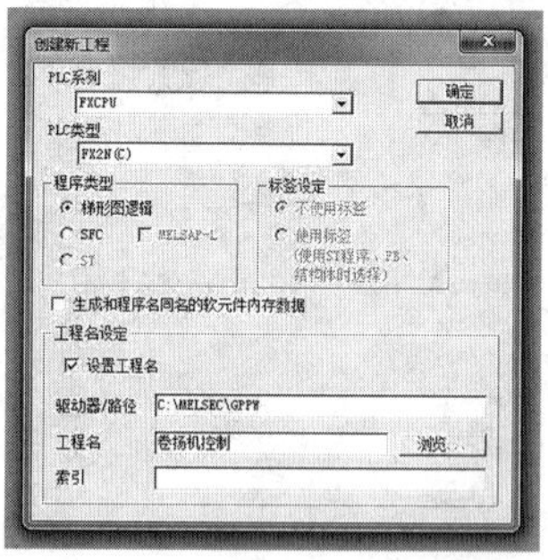	（1）［PLC 系列］选 FXCPU （2）［PLC］类型选 FX2N （3）［程序类型］选梯形图 （4）并设置工程名
3	程序输入	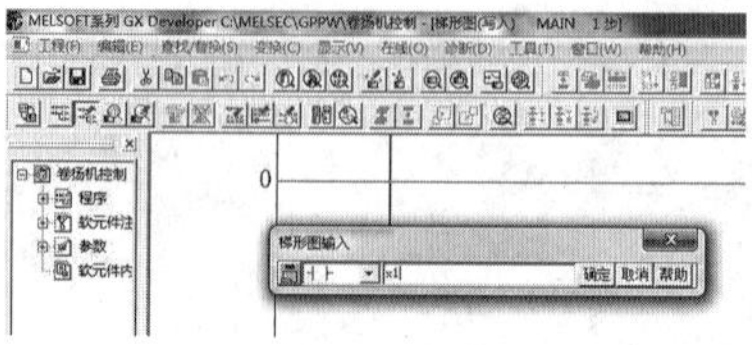	程序输入，既可以单击菜单栏图标，也可以采用快捷键

步骤七 系统调试

控制程序录入完成后，检查程序是否有语法等错误。检查无误后，进行系统调试。

提示：

必须在教师的现场监护下进行通电调试。

通电调试，验证系统功能是否符合控制要求。调试过程主要分为以下三步：

（1）根据系统主电路及 PLC 控制电路接线图，检查 PLC 的 I/O 接口与外部信号控制开关是否连接正确。

（2）待控制程序下载到 PLC 中后，将 PLC 运行模式的选择开关拨到 RUN 位置，使 PLC 进入运行方式。

（3）调试程序并试运行，观察控制效果，并记录运行情况。

● 按下正转按钮 SB1，观察电动机正转是否启动运行。如果能，则说明正转启动程序正确。

● 按下反转按钮 SB2，观察电动机反转是否启动运行。如果能，则说明反转启动程序正确。

● 按下停止按钮 SB3，电动机是否能够停车。如果能，则说明正转停止程序正确。

● 电机启动时，按下热继电器 FR 复位按钮，观察电动机是否能够停车。如果能，则说明过载保护程序正确。

● 随意交替按下按钮 SB1、SB2，观察电机正反转状态是否能任意切换。如果能，则说明电机正反转互锁程序正确。

● 记录程序调试的结果（见表 3-8）。

表 3-8 调试情况记录表（学生填写）

序号	项目	完成情况记录			备注
		第一次试车	第二次试车	第三次试车	
1	按下正转按钮 SB1，观察电动机是否能够正转	完成（ ）	完成（ ）	完成（ ）	
		无此功能（ ）	无此功能（ ）	无此功能（ ）	
2	按下反转按钮 SB2，观察电动机是否能够反转	完成（ ）	完成（ ）	完成（ ）	
		无此功能（ ）	无此功能（ ）	无此功能（ ）	

续表

序号	项目	完成情况记录			备注
		第一次试车	第二次试车	第三次试车	
3	按下停止按钮 SB3，观察电动机是否能够停车	完成（　）	完成（　）	完成（　）	
		无此功能（　）	无此功能（　）	无此功能（　）	
4	观察过载保护功能是否实现	完成（　）	完成（　）	完成（　）	
		无此功能（　）	无此功能（　）	无此功能（　）	
5	观察正反转互锁是否实现	完成（　）	完成（　）	完成（　）	
		无此功能（　）	无此功能（　）	无此功能（　）	

学习活动 4　任务反馈与评价

对整个项目的完成情况进行评价和考核，具体评价规则如表 3-9 所示。

表 3-9　项目评分标准

评价内容	序号	主要内容	考核要求	评分细则	配分	扣分	得分
职业素养与操作规范（50分）	1	任务准备	知识点掌握	（1）电路块连接指令（ANB、ORB） （2）置位与复位指令（SET、RST） 未掌握相关知识点每项扣 3 分	6		
	2	工作前准备	清点工具、仪表等	未清点工具、仪表等每项扣 1 分	4		
	3	安装与接线	按 PLC 控制 I/O 接线图在实训台上正确安装，操作规范	（1）未关闭电源开关，用手触摸电气线路或带电进行线路连接或改接，本项记 0 分 （2）线路步骤不整齐、不合理，每处扣 2 分 （3）损坏元件扣 5 分 （4）接线不规范造成导线损坏，每根扣 5 分 （5）不按 I/O 口接线图接线，每处扣 2 分	10		
	4	程序输入与调试	会操作编程软件，将所编写的程序输入到 PLC，按照被控设备的动作要求进行模拟调试，达到控制要求	（1）不会操作编程软件输入程序，扣 10 分 （2）不会进行程序修改，扣 2 分 （3）不会联机下载调试程序，扣 10 分 （4）调试时造成元件损坏或者熔断器熔断，每次扣 10 分	20		

评价内容	序号	主要内容	考核要求	评分细则	配分	扣分	得分
职业素养与操作规范（50分）	5	安全文明生产	工具摆放整齐，工作台面清洁；安全着装；按维修电工操作规程进行操作	（1）乱摆放工具、仪表，乱丢杂物，完成任务后不清理工位，扣5分 （2）没有安全着装，扣5分 （3）出现人员受伤，设备损坏事故，成绩为0分	10		
作品（50分）	6	功能分析	能正确分析控制线路功能	能正确分析控制线路功能，功能分析不正确，每处扣2分	10		
	7	I/O 分配表	正确完成 I/O 地址分配表	输入、输出地址遗漏，每处扣2分	5		
	8	硬件接线图	绘制 I/O 接线图	（1）接线图绘制错误，每处扣2分 （2）接线图绘制不规范，每处扣1分	5		
	9	梯形图	梯形图正确、规范	（1）梯形图功能不正确，每处扣3分 （2）梯形图编辑不规范，每处扣1分	15		
	10	功能实现	根据控制要求，准确完成系统的安装与调试	不能达到控制要求，每处扣5分	15		
评分人：				核分人：			

注：本测评采用扣分制，按照表中的评分细则进行打分，若每项所占分值已扣完，则此项为0分。

【项目拓展】

（1）使用三菱 PLC 实现工作台往返运行的控制。如图 3-9 所示为小车在左右两点间往复运动示意图，当按下向右运行启动按钮或者小车处于左限位开关时，小车开始向右端运行，到达右限位时，小车停止；当按下向左运行启动按钮或者小车处于右限位开关时，小车开始向左端运行，到达左限位时，小车停止；当小车在运行过程中触碰左右终端保护按钮，则立即停止运行。如此，按上述控制要求，小车在左右两点间往复运动。

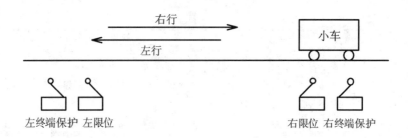

左终端保护　左限位　　　　　　　　　右限位　右终端保护

图 3-9　小车往复运动示意图

根据控制要求，绘制出此任务的 I/O 分配表、主电路原理图、PLC 控制电路原理图、器材准备表，进行程序设计，完成系统调试。

（2）将本项目的控制器更换为西门子 S7-200 系列 PLC，实现三相异步电动机正反转控制。根据学习活动 1 的任务要求，绘制出此任务的 I/O 分配表、主电路原理图、PLC 控制电路原理图、器材准备表，进行程序设计，完成系统调试。

【习题】

一、填空题

1. ANB 指令的功能是_____。

2. ORB 指令的功能是_____。

3. SET 指令的功能是_____。

4. RST 指令的功能是_____。

二、选择题

1. 在上述实验中所用到的指令不包含（　　）。

A. AND　　　　　　B. OUT　　　　　　C. END　　　　　　D. INV

2. 下列梯形图中能实现互锁功能的是（　　）。

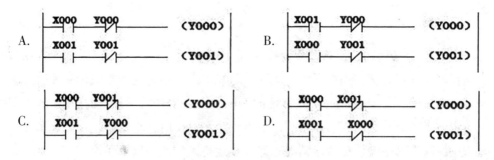

三、简答题

测试装置如图 3-10 所示，启动按钮 X0，水平汽缸右行 Y0，左限位 X1、右限位 X2。按下启动按钮 X0，水平汽缸右行，碰到右限位开关 X2，水平汽缸左行，碰到左限位开关 X1，水平汽缸再右行，右行左行为一个循环，直到按下停止按钮 X3 后停止。请利用经验编程的方法设计控制系统的 PLC 控制程序梯形图。

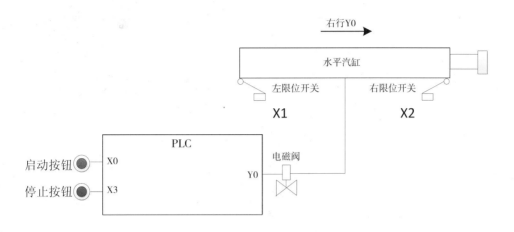

图 3-10 测试装置示意图

项目四

三相异步电动机 Y-△ 降压启动控制

【学习目标】

知识目标：

（1）熟悉定时器（T）、计数器（C）基本指令的应用。

（2）掌握梯形图和指令程序设计的基本方法和控制思想。

技能目标：

（1）能对三相异步电动机 Y-△ 降压启动控制电路进行正确接线。

（2）能用 PLC 进行三相异步电动机 Y-△ 降压启动控制的软件程序编写及调试。

情感目标：

（1）培养学生分析、解决生产实际问题的能力，提高职业素养。

（2）培养学生的综合素养、良好的沟通交际能力和团队合作精神。

（3）激发学生的好奇心和求知欲，培养学生的自主学习及自我发展能力。

【工作情景描述】

现在工业工作场景中，三相异步电动机被大量应用，并都作为动力源，带动生产线其他设备负载进行工作。但通常，三相异步电动机在带重载启动的情况下，启动时间较长，启动电流太大，短时间产生的热量过多会使电机烧毁或者减少使用寿命。此时，如果对电动机采用星三角降压启动控制方式，就可以减小启动电流，解决了启动电流过大放热多的问题，并且星三角降压启动设备简单，成本较低。那么，三相异步电动机星三角降压启动控制到底是如何实现的呢，下面就让我们一起来学习掌握吧！

学习活动1　明确任务

某企业承担了一种 Y-△ 降压启动控制线路的定型产品生产，Y-△ 自动启动器，如图 4-1 所示。我们需要完成对三相异步电动机 Y-△ 降压启动控制线路的设计、安装，控制系统的软件程序编写及功能调试。

系统具体控制要求如下：

（1）按下启动按钮 SB1，电动机以 Y 接线方式启动并连续运行。

（2）电动机运行 8 秒后，Y 启动状态转变为 △ 接线方式开始运行。

（3）当按下停止按钮 SB2，电动机停止运行。

图 4-1　Y-△ 自动启动器

学习活动 2　任务准备

知识点一　定时器（T）指令

PLC 内部的定时器是根据时钟脉冲的累积形式进行工作的，当所计时间达到设定值时，其输出触点动作，时钟脉冲有 1ms、10ms、100ms。定时器可以用用户程序存储器内的常数 K 作为设定值，也可以用数据寄存器（D）的内容作为设定值。在后一种情况下，一般使用有断电保护功能的数据寄存器。但通常，若 PLC 备用电池电压降低时，定时器或计数器往往会发生误动作。

定时器通道范围如表 4-1 所示。

表 4-1　定时器通道范围

名称	触点范围	触点数量	功能说明
100ms 通用型定时器	T0～T199	200 点	通用型，不具有断电保持功能
10ms 通用型定时器	T200～T245	46 点	
1ms 断电保持型定时器	T246～T249	4 点	具有断电保持功能
100ms 断电保持型定时器	T250～T255	6 点	

定时器指令符号及应用如图 4-2 所示。

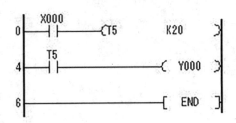

图 4-2 定时器指令符号及应用

说明：输入 X000 接通时，T5 定时器线圈驱动，开始计时。当定时器当前值与设定值 K20 相等时（即 100×20＝2 秒后），T5 触点接通，Y000 输出。当输入 X000 断开或发生停电时，定时器复位，Y0 不输出。

定时器的典型应用如表 4-2 所示。

表 4-2 定时器的典型应用

断电延时型定时器	
通/断电均延时型定时器	
定时脉冲电路	

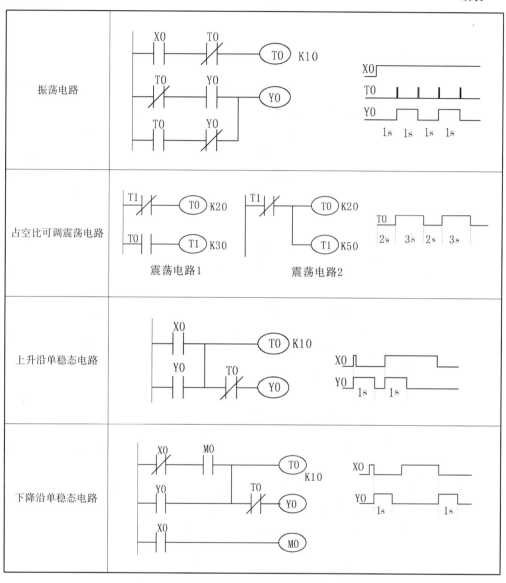

振荡电路	
占空比可调震荡电路	震荡电路1　　震荡电路2
上升沿单稳态电路	
下降沿单稳态电路	

知识点二　计数器（C）指令

三菱 PLC 计数器指令，从保持特性上进行分类，有两种类型的计数器，分别为"非保持型"与"停电保持型"两类。当计数器工作过程中 PLC 发生了断电，非保持型计数器将被清除，即当前计数器的值清除，相应的触点断开；而停电保持型的计数器的计数值和触点状态都会被保持，当 PLC 电源重新接通时当前计数值可继续累加，触点也被保持原来的状态，当需要清除计数值和触点时必须使用复位指令（RST）进行清除。

FX 系列 PLC 的计数器类型与计数器号相关，但是具体使用的计数器号与 PLC 型号有关。不同型号的 PLC 内部的计数器资源不同，标号也不相同。

FX2N 系列计数器通道范围如表 4-3 所示。

表 4-3　FX2N 系列计数器通道范围

功能	触点范围	触点数量	说明
非停电保持	C0～C99	100 点	16 位增计数器
停电保持	C100～C199	100 点	
非停电保持	C200～C219	20 点	32 位可逆计数器
停电保持	C220～C234	15 点	

计数器指令符号及应用如图 4-3 所示。

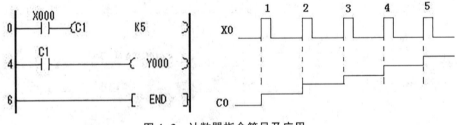

图 4-3　计数器指令符号及应用

使用说明：

输入 X000 接通时，驱动 C1 线圈，计数器 C1 当前值加 1。当 X000 第 5 次接通时，计数器 C1 的当前值与设定值相等，C1 触点接通，Y0 输出。若使 X000 再次动作，计数器的当前值仍保持不变。

若输入 X000 断开或发生停电时，定时器复位，Y0 不输出。

学习活动 3　任务实施

步骤一　系统功能分析

根据系统任务要求分析，系统电路需采用一台三相异步交流电动机，2 个低压断路器作为电源隔离开关，3 个交流接触器分别控制电动机的主控电路启动、Y 启动、△启动，使用 1 个热继电器作为电动机的过载保护，使用 4 个熔断器作为系统主电路短路保护、控制电路短路保护，其中系统电路包括主电路和控制电路两部分。主电路采用三相电源使用 3 个熔断器，控制电路采用单相 220V 电源使用 1 个熔断器。使用 2 个控制按钮分别做启动、停止开关。系统控制器采用三菱 FX2N 系列可编程控制器。

步骤二　I/O 地址分配

根据项目的控制要求，需要给系统分配一个启动按钮、一个停止按钮和一个过载保护开关，所以 PLC 的输入控制信号为三个，即给 PLC 分配三个输入端点。而输出有三个，分别控制电动机启动主电路电源通断、电动机 Y 连接和△连接。具体地址分配如表 4-4 所示。

表 4-4　I/O 地址分配

输入			输出		
输入继电器	电路元件	作用	输出继电器	电路元件	作用
X0	SB1（常开触点）	启动按钮	Y0	KM	电动机启动主电路电源通断
X1	SB2（常开触点）	停止按钮	Y1	KMY	Y 运行
X4	FR（常开触点）	过载保护	Y2	KM△	△运行

步骤三　主电路及 PLC 控制电路接线图

一、主电路设计与绘制

根据系统功能分析，绘制该项目的主电路接线图，如图 4-4 所示。

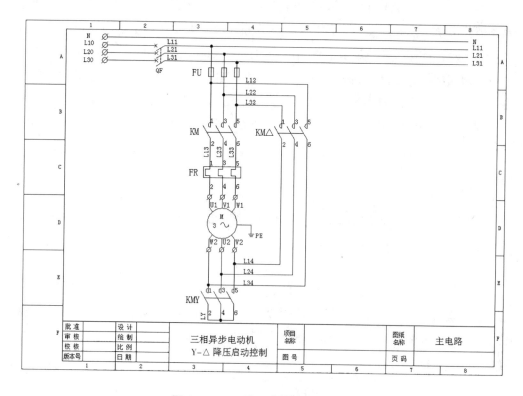

图 4-4　Y-△降压启动控制主电路

二、PLC 控制电路设计与绘制

根据系统功能分析及 I/O 地址分配表，绘制该项目的 PLC 控制电路接线图，如图 4-5 所示。

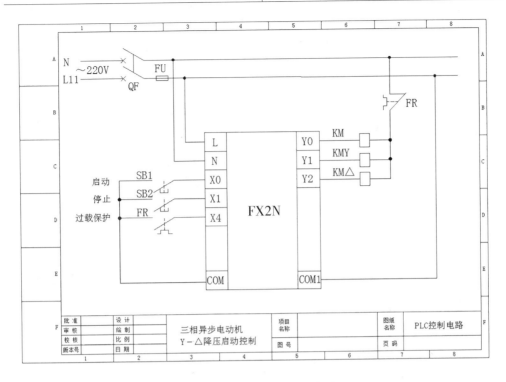

图 4-5 PLC 控制电路接线图

步骤四 器材准备

根据任务的具体内容，列出本项目所使用元器件的清单，如表4-5所示。

表 4-5 元器件明细

序号	名称	规格型号	单位	数量	备注
1	电源	AC 220V、380V			
2	低压断路器	DZ47LE-32 D6 AC380V	个	1	3P+N
3	低压断路器	DZ47LE-32 C6 AC220V	个	1	1P+N
4	常开按钮	DC 24V（非自锁）	个	2	
5	熔断器及配套熔芯	RT18-32	个	2	3P，1P
6	热继电器	JR36-20	个	1	
7	交流接触器	CJX2-3210	个	3	
8	三相异步电动机	YS-W6314 180W 380V 0.63A	台	1	
9	PLC 主机	FX2N-16MR-001 或自定	台	1	AC 220V
10	PLC 通信电缆	RS-232	根	1	

续表

序号	名称	规格型号	单位	数量	备注
11	计算机	自定	台	1	
12	接线端子	自定	个	若干	
13	数字式万用表	MY60 或自定	台	1	

步骤五　程序设计

根据电动机连锁控制的控制要求，编写梯形图程序。编写程序可以采用逐步增加、层层推进的方法，如图 4-6 所示。

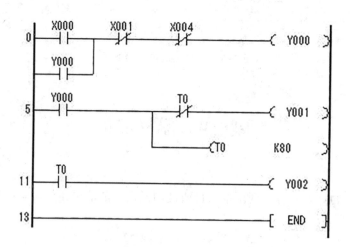

图 4-6　梯形图绘制

提示：

上述程序在没有辅助触点互锁的控制情况下，由于 PLC 的运行时间很快，而接触器的触点响应速度过慢，在 Y-△ 相互切换的时候，容易导致在切换的瞬间 Y、△ 接触器的触点同时接通造成短路。

我们有没有其他办法来解决在 Y-△ 相互切换的时候，容易导致在切换的瞬间

Y、△接触器的触点同时接通造成短路?

　　方法一: 更改程序, 采用定时器 T1 进行延时, 如图 4-7 所示。

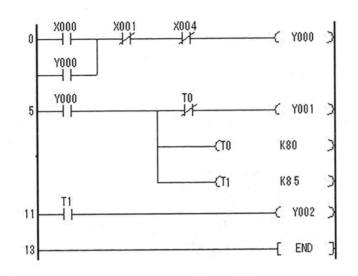

图 4-7　采用定时器 T1 进行延时

　　方法二: 在控制电路接线中, 采用接触器辅助触点互锁, 如图 4-8 所示。

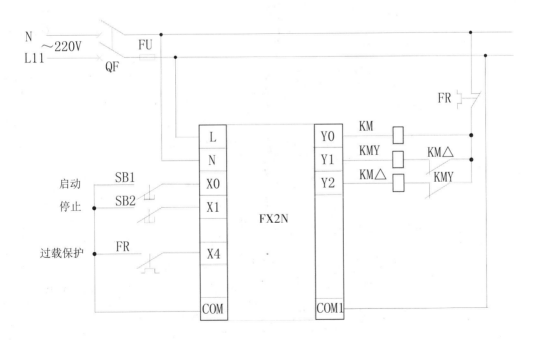

图 4-8　采用接触器辅助触点互锁

步骤六　程序录入

将设计完成的程序样例（见表4-6）录入计算机，程序输入的关键步骤如表4-6所示。

表4-6　程序输入步骤

序号	内容	图示	操作提示
1	打开编程软件	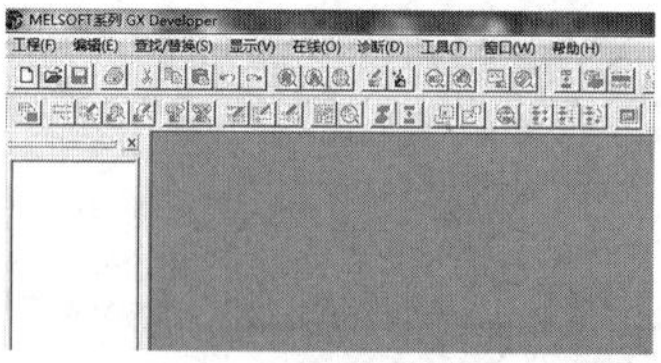	双击程序图标，运行 MELSOFTI 系列 GX-Developer 编程软件
2	创建新工程	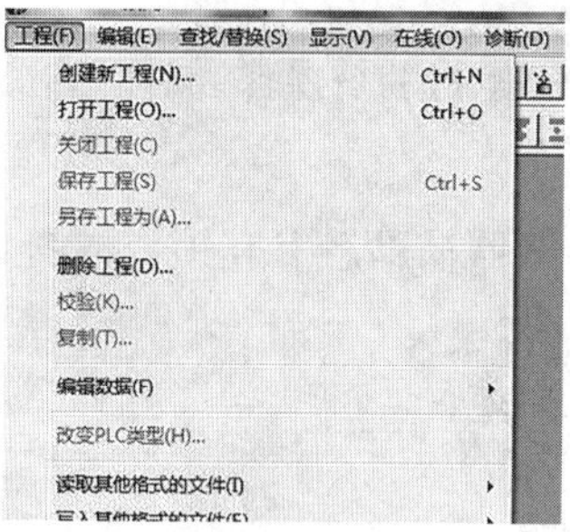	打开程序之后出现工作界面，鼠标菜单命令［工程］—［创建新工程］
		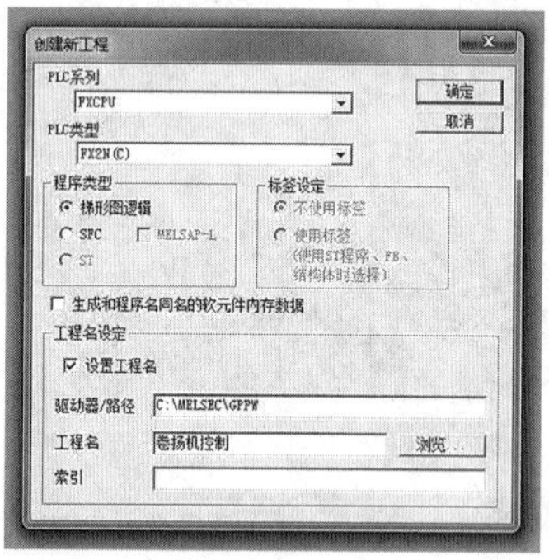	（1）［PLC 系列］选 FXCPU （2）［PLC］类型选 FX2N （3）［程序类型］选梯形图 （4）并设置工程名
3	程序输入	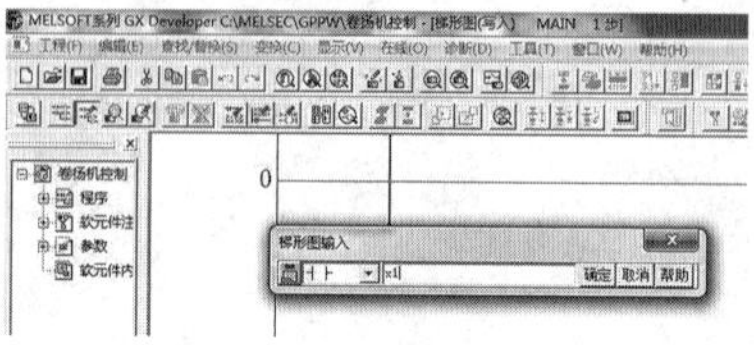	程序输入，既可以单击菜单栏图标，也可以采用快捷键

步骤七 系统调试

控制程序录入完成后，检查程序是否有语法等错误。检查无误后，进行系统调试。

提示：

必须在教师的现场监护下进行通电调试。

通电调试，验证系统功能是否符合控制要求。调试过程主要分为以下三步：

（1）根据系统主电路及 PLC 控制电路接线图，检查 PLC 的 I/O 接口与外部信号控制开关是否连接正确。

（2）待控制程序下载到 PLC 中后，将 PLC 运行模式的选择开关拨到 RUN 位置，使 PLC 进入运行方式。

（3）调试程序并试运行，观察控制效果，并记录运行情况。

● 按下启动按钮 SB1，观察电动机是否启动运行。如果能，则说明电机主电路启动程序正确。

● 观察电机是否为星形启动状态。如果实际情况如此，则说明三相异步电动机星形启动的程序正确。

● 观察电机在星形状态下运行 8 秒后，是否自动切换为三角形状态继续运行。如果实际情况如此，则说明三相异步电动机由星形切换到三角形运行的控制程序正确。

● 按下停止按钮 SB2，观察电动机能否停车。如果能，则说明实现三相异步电动机星形—三角形降压启动控制的程序正确。

● 记录程序调试的结果（见表 4-7）。

表 4-7 调试情况记录表（学生填写）

序号	项目	完成情况记录			备注
		第一次试车	第二次试车	第三次试车	
1	按下启动按钮 SB1，观察电动机是否能够启动	完成（ ）	完成（ ）	完成）	
		无此功能（ ）	无此功能（ ）	无此功能（ ）	
2	电机是否为 Y 启动	完成（ ）	完成（ ）	完成（ ）	
		无此功能（ ）	无此功能（ ）	无此功能（ ）	

序号	项目	完成情况记录			备注
		第一次试车	第二次试车	第三次试车	
3	8秒后是否为△运行	完成（　）	完成（　）	完成（　）	
		无此功能（　）	无此功能（　）	无此功能（　）	
4	按下停止按钮SB2，电动机是否能够停止	完成（　）	完成（　）	完成（　）	
		无此功能（　）	无此功能（　）	无此功能（　）	
5	过载保护功能是否实现	完成（　）	完成（　）	完成（　）	
		无此功能（　）	无此功能（　）	无此功能（　）	

学习活动4　任务反馈与评价

对整个项目学生的完成情况进行评价和考核，具体评价规则如表4-8所示。

表4-8　项目评分标准

评价内容	序号	主要内容	考核要求	评分细则	配分	扣分	得分
职业素养与操作规范（50分）	1	任务准备	知识点掌握	（1）定时器指令（T） （2）计数器指令（C） 基本指令相关知识点未掌握每项扣3分	6		
	2	工作前准备	清点工具、仪表等	未清点工具、仪表等每项扣1分	4		
	3	安装与接线	按PLC控制I/O接线图在实训台上正确安装，操作规范	（1）未关闭电源开关，用手触摸电气线路或带电进行线路连接或改接，本项记0分 （2）线路步骤不整齐、不合理，每处扣2分 （3）损坏元件扣5分 （4）接线不规范造成导线损坏，每根扣5分 （5）不按I/O口接线图接线，每处扣2分	10		
	4	程序输入与调试	会操作编程软件，将所编写的程序输入到PLC，按照被控设备的动作要求进行模拟调试，达到控制要求	（1）不会操作编程软件输入程序，扣10分 （2）不会进行程序修改，扣2分 （3）不会联机下载调试程序，扣10分 （4）调试时造成元件损坏或者熔断器熔断，每次扣10分	20		

评价内容	序号	主要内容	考核要求	评分细则	配分	扣分	得分
职业素养与操作规范（50分）	5	安全文明生产	工具摆放整齐，工作台面清洁；安全着装；按维修电工操作规程进行操作	（1）乱摆放工具、仪表，乱丢杂物，完成任务后不清理工位，扣5分 （2）没有安全着装，扣5分 （3）出现人员受伤，设备损坏事故，成绩为0分	10		
作品（50分）	6	功能分析	能正确分析控制线路功能	能正确分析控制线路功能，功能分析不正确，每处扣2分	10		
	7	I/O 分配表	正确完成 I/O 地址分配表	输入、输出地址遗漏，每处扣2分	5		
	8	硬件接线图	绘制 I/O 接线图	（1）接线图绘制错误，每处扣2分 （2）接线图绘制不规范，每处扣1分	5		
	9	梯形图	梯形图正确、规范	（1）梯形图功能不正确，每处扣3分 （2）梯形图编辑不规范，每处扣1分	15		
	10	功能实现	根据控制要求，准确完成系统的安装与调试	不能达到控制要求，每处扣5分	15		
评分人：				核分人：			

注：本测评采用扣分制，按照表中的评分细则进行打分，若每项所占分值已扣完，则此项为0分。

【项目拓展】

（1）使用三菱 PLC 实现十字路口交通灯运行的控制。具体控制要求如图 4-9 所示，即用两个按钮来控制交通灯，按下启动按钮，南北红灯亮 25 秒，在这期间东西绿灯先亮 20 秒，再以 1 次/秒的频率闪烁 3 次，接着东西黄灯亮 2 秒，25 秒后南北红灯熄灭，熄灭时间持续 30 秒，在 30 秒时间里，东西红灯一直亮，南北绿灯先亮25 秒，再以 1 次/秒的频率闪烁 3 次，接着南北黄灯亮 2 秒，以后重复该过程。按下停止按钮后，所有的灯熄灭。

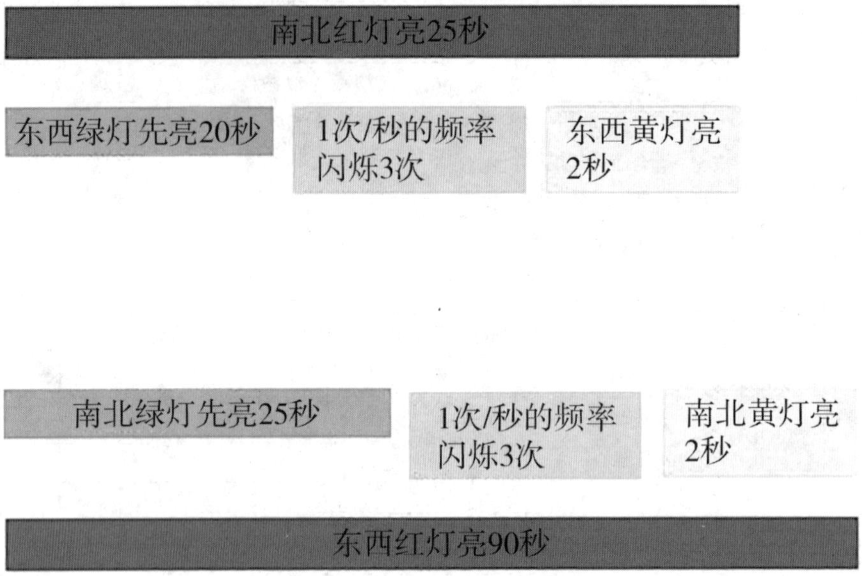

南北红灯亮25秒

东西绿灯先亮20秒   1次/秒的频率闪烁3次   东西黄灯亮2秒

南北绿灯先亮25秒   1次/秒的频率闪烁3次   南北黄灯亮2秒

东西红灯亮90秒

图4-9　交通信号灯控制要求

根据控制要求，绘制出此任务的 I/O 分配表、主电路原理图、PLC 控制电路原理图、器材准备表，进行程序设计，完成系统调试。

（2）将本项目的控制器更换为西门子 S7-200 系列 PLC，实现三相异步电动机星形—三角形降压启动控制。根据学习活动 1 的任务要求，绘制出此任务的 I/O 分配表、主电路原理图、PLC 控制电路原理图、器材准备表，进行程序设计，完成系统调试。

【习题】

一、填空题

1. 定时器由_____、_____和_____三部分构成。

2. 接通延时定时器（TON）的输入（IN）电路时开始定时，当前值大于等于预置值时，其定时器位状态_____，对应的常开触点_____，常闭触点_____。

3. 接在断电延时定时器（TOF）的输入端电路接通时，定时器位状态_____，当前值被_____。输入电路断开后，开始_____，当前值等于预置值时，输出位状态_____，当前值_____，直到输入电路接通。

二、简答题

1. 试用置位 SET 指令和复位 RST 指令设计一个启动、保持、停止程序。

2. 试设计一个定时控制程序，定时 2 分钟后指示灯亮。

3. 请写出下面梯形图的指令语句表并分析其功能。

4. 试设计一个流水型灯光控制程序，具体要求如下：按下启动按钮，彩灯 L1、L4 点亮，2 秒后熄灭；接着彩灯 L2、L5 点亮，2 秒后熄灭；接着彩灯 L3、L6 点亮，2 秒后熄灭……如此循环下去。按下停止按钮，所有彩灯熄灭。

项目五

运料小车自动往返控制

【学习目标】

知识目标：

（1）掌握三菱 FX2N 系列 PLC 的步进指令和状态转移图的使用方法。

（2）掌握梯形图和指令程序设计的基本方法和控制思想。

（3）掌握梯形图的编程规则、编程技巧和方法。

技能目标：

（1）能正确分析运料小车的控制要求。

（2）能正确画出运料小车的顺序功能图。

（3）能用 PLC 进行送料小车的软件程序编写及调试。

情感目标：

（1）培养学生对本专业的职业认同感，提高学生的职业技能和专业素质。

（2）提高学生的学习能力，养成良好的思维和学习习惯。

（3）激发学生的科学探索兴趣和求知欲，培养学生的团队合作精神。

【工作情景描述】

随着科学技术的日新月异，自动化程度要求越来越高，原有的生产装料装置远远不能满足当前高度自动化的需要。减轻劳动强度，保障生产的可靠性、安全性，降低生产成本，减少环境污染，提高产品的质量及经济效益是企业生存必须面临的重大问题。为各大装料领域采用可编程控制器装料系统，它集自动控制技术、计量技术、新传感器技术、计算机管理技术于一体，对整个生产线起着指挥的作用，实现整个工艺生产过程全面自动化，大大提高了劳动生产效率，降低了成本，减轻了工人的劳动负担。而生产线控制系统的每一步动作都直接作用于送料小车的运行，所以下面我们就来一起学习如何使用 PLC 控制送料小车安全、稳定、高效率地在生产线上进行工作。

学习活动 1 明确任务

某企业承担了一个运料小车设计任务，工作前运料小车如图 5-1 所示处于原点，系统具体控制要求如下：

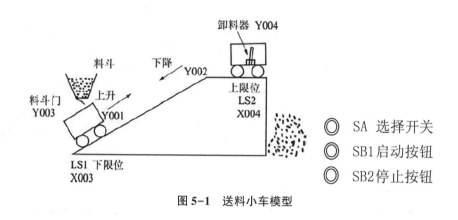

图 5-1 送料小车模型

（1）运料小车处于原点，下限位开关 LS1 被压合，原点指示灯亮，料斗门处于关闭状态。

（2）当选择开关 SA 闭合，按下启动按钮 SB1 料斗门打开，给运料车开始装料，时间持续 8 秒。

（3）当装料结束，料斗门关闭，延时 1 秒后料车上升，直至压合上限位开关 LS2 后小车停止。

（4）延时 1 秒之后开始卸料，卸料持续 10 秒，卸料完成后料车复位下降至原点，压合下限位开关 LS1 后停止。

（5）按照此工作过程又开始下一个循环工作。

（6）当选择开关 SA 断开，则料车工作一个循环后即停止在原点，指示灯亮。

（7）当按下停止按钮 SB2 则运料小车立即停止运行。

学习活动 2　任务准备

知识点一　步进指令和状态转移图

FX 系列 PLC 有基本逻辑指令 20 条或 27 条、步进指令 2 条、功能指令 100 多条（不同系列有所不同）。下面以 FX2N 为例，介绍步进指令及其应用。

一、步进指令（STL/RET）

步进指令是专为顺序控制而设计的指令。在工业控制领域许多的控制过程都可用顺序控制的方式来实现，使用步进指令实现顺序控制既方便实现又便于阅读修改。

FX2N 中有两条步进指令：STL（步进触点指令）和 RET（步进返回指令）。STL 和 RET 指令只有与状态器 S 配合才具有步进功能。如 STL S20 表示状态常开触点，称为 STL 触点，它在梯形图中的符号为"—| |—"，它没有常闭触点，用每个状态器 S 记录一个工步，例如 STL S20 有效（为 ON），则进入 S20 表示的一步（类似于本步的总开关），开始执行本阶段该做的工作，并判断进入下一步的条件是否满足。一旦结束本步信号为 ON，则关断 S20 进入下一步，如 S21 步。RET 指令是用来复位 STL 指令的。执行 RET 后将重回母线，退出步进状态。

二、状态转移图

一个顺序控制过程可分为若干个阶段，也称为步或状态，每个状态都有不同的动作。当相邻两状态之间的转换条件得到满足时，就将实现转换，即由上一个状态转换到下一个状态执行。常用状态转移图（功能表图）描述这种顺序控制过程，如图 5-2 所示。用状态器 S 记录每个状态，X 为转换条件，如当 X1 为 ON 时，则系统由 S20 状态转为 S21 状态。

状态转移图中的每一步包含三个内容：本步驱动的内容、转移条件及指令的转换目标。在如图 5-2 中 S20 步驱动 Y0，当 X1 有效为 ON 时，则系统由 S20 状态转为 S21 状态，X1 即为转换条件，转换的目标为 S21 步。

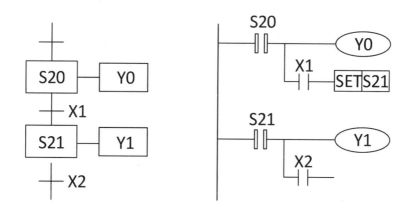

图 5-2　状态转移图与步进指令

三、步进指令的使用说明

（1）STL 触点是与左侧母线相连的常开触点，某 STL 触点接通，则对应的状态为活动步。

（2）与 STL 触点相连的触点应用 LD 或 LDI 指令，只有执行完 RET 后才返回左侧母线。

（3）STL 触点可直接驱动或通过别的触点驱动 Y、M、S、T 等元件的线圈。

（4）由于 PLC 只执行活动步对应的电路块，所以使用 STL 指令时允许双线圈输出（顺控程序在不同的步可多次驱动同一线圈）。

（5）STL 触点驱动的电路块中不能使用 MC 和 MCR 指令，但可以用 CJ 指令。

（6）在中断程序和子程序内，不能使用 STL 指令。

四、STL 指令使用注意事项

（1）状态器 S 在不用于步进控制时，也可作为一般的辅助继电器使用。此时其功能与辅助继电器一样，但作为辅助继电器使用时，不能提供步进接点（步进接点是可以产生一定步进动作的接点）。

（2）输出的驱动方法。STL 内的母线一旦写入 LD 或 LDI 指令后，对不需要触点的线圈就不能再编程，如图 5-3（a）所示。若要编程，需变换输出驱动方法，如图 5-3（b）所示。

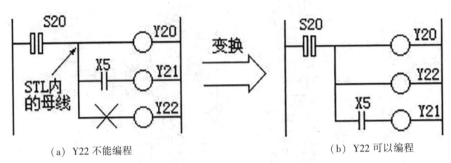

(a) Y22 不能编程　　　　　　　　　　(b) Y22 可以编程

图 5-3　使用 STL 指令的注意事项

（3）栈指令的位置。不能在 STL 内的母线处直接使用栈指令（MPS/MRD/MPP），须在 LD 或 LDI 指令后使用栈指令，如图 5-4（a）所示。

（4）状态的转移方法。对于 STL 指令后的状态（S），OUT 指令和 SET 指令具有同样的功能，都将自动复位转移源和置位转移目标。但 OUT 指令用于向分离状态转移，而 SET 指令用于向下一个状态转移，如图 5-4（b）所示。

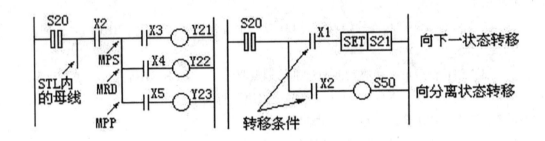

(a) 不能在 STL 内的母线处直接使用栈命令　　　　　　(b) 转移条件

图 5-4　栈指令的位置

（5）在不同的步进段，允许有重号的输出（注意：状态号不能重复使用）。如图 5-5（a）所示，表示 Y2 在 S20 和 S21 两个步进段都接通，它与图 5-5（b）等效。

（6）在不相邻的步进段，允许使用同一地址编号的定时器（注意：在相邻的步进段不能使用），如图 5-5 所示。故对于一般的时间顺序控制，只需 2~3 个定时器即可。

（7）若需要保持某一个输出，可以采用置位指令 SET，当该输出不需要再保持时，可采用复位指令 RST。

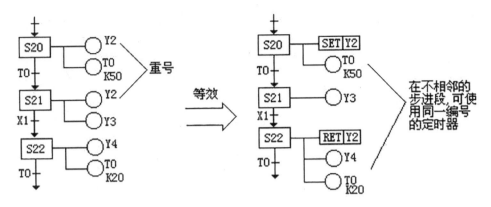

（a）允许有重号　　　　　　（b）在不相邻的步进段，可使用同一编号的定时器

图 5-5　在不同及不相邻的步进段注意事项

（8）初始状态用双线框表示，通常用特殊辅助继电器 M8002 的常开触点提供初始信号。其作用是为启动做好准备，防止运行中的误操作引起的再次启动。

（9）在步进控制中，不能用 MC 指令。

（10）S 要有步进功能，必须要用置位指令（SET），才能提供步进接点，同时还可提供普通接点。

（11）采用应用指令 FNC40（ZRST）进行状态的区间复位。

学习活动 3　任务实施

步骤一　系统功能分析

根据系统控制要求可知，小车处于两种不同的运行状态，分别是上行和下行，则需通过 PLC 控制带动小车运行的三相异步电动机的正反转运行，并且可以通过电磁铁来控制料斗门的打开和关闭，使用选择开关来控制系统的运行模式（自动循环或单循环），通过启动、停止按钮来控制系统的启停操作，以上、下限位开关信号作为小车的装料、卸料及开始往返运动过程的控制信号。故本系统电路可由一台三相异步电动机、一个电磁铁、一个原点指示灯、三个控制按钮、两个限位信号开关、两个交流接触器、一个热继电器、两个低压断路器、四个熔断器、一台 PLC 控制器等元器件组成。

系统电路包括主电路和控制电路两个部分，在设计上，系统电源通断由两个低压断路器来控制，使用四个熔断器作为系统电路短路保护，一个热继电器作为电动机过载保护，两个交流接触器用于控制电动机的正、反转，三个控制按钮分别作为系统的启动、停止及运行模式选择操作。其中三相异步电动机主电路使用三相 380V 交流电源，原点指示灯、电磁铁主电路和 PLC 控制电路可使用单相 220V 交流电源，系统控制器采用三菱 FX2N 系列可编程控制器。

步骤二　I/O 地址分配

根据系统控制要求，需要给系统分配一个启动按钮、一个停止按钮和一个选择开关、两个限位开关，所以 PLC 的输入控制信号为 5 个，即给 PLC 分配 5 个输入端点；根据系统控制要求，需要给系统配置一个原点指示灯、两个交流接触器、一个电磁铁，因此输出信号分配 4 个 PLC 输出端子即可。根据输入/输出确定的点数，具体输入/输出地址分配如表 5-1 所示。

表 5-1　I/O 地址分配表

输入			输出		
输入设备	对应 PLC 端子	功能说明	输出设备	对应 PLC 端子	功能说明
SB1	X0	启动按钮	HL	Y0	原点指示灯
SB2	X1	停止按钮	KM1	Y1	运料小车上行
SA	X2	运行模式选择开关	KM2	Y2	运料小车下降
LS1	X3	下限位开关	YA	Y3	电磁铁（料斗门开关）
LS2	X4	上限位开关			

步骤三　主电路及 PLC 控制电路接线图

一、主电路设计与绘制

根据系统功能分析，绘制该项目的主电路接线图，如图 5-6 所示。

二、PLC 控制电路设计与绘制

根据系统功能分析及 I/O 地址分配表，绘制该项目的 PLC 控制电路接线图，如图 5-7 所示。

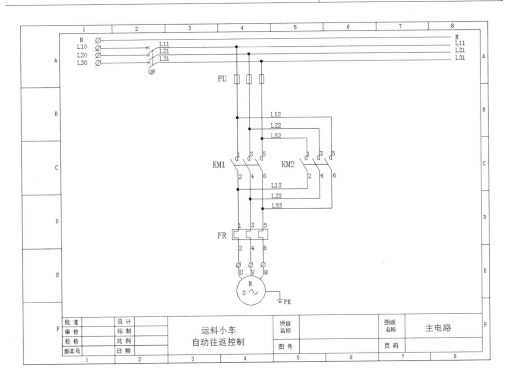

图 5-6 运料小车自动往返控制主电路接线图

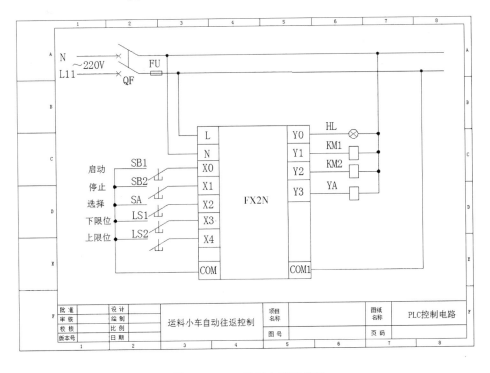

图 5-7 PLC 控制电路接线图

步骤四　器材准备

本项目实训所用元器件的清单，如表5-2所示。

表5-2　送料小车控制实训元器件清单

序号	名称	规格型号	单位	数量	备注
1	电源	AC 220V、380V			
2	低压断路器	DZ47LE-32 D6 AC380V	个	1	3P+N
3	低压断路器	DZ47LE-32 C6 AC220V	个	1	1P+N
4	常开按钮	DC 24V（2个非自锁，1个自锁）	个	3	
5	熔断器及配套熔芯	RT18-32	个	2	3P，1P
6	热继电器	JR36-20	个	1	
7	交流接触器	CJX2-3210	个	2	
8	发光二极管（HL）	AC 220V	个	1	
9	电磁铁（YA）	AC 220V	个	1	
10	限位开关	LX19-001	个	2	
11	三相异步电动机	YS-W6314 180W 380V 0.63A	台	1	
12	PLC 主机	FX2N-16MR-001 或自定	台	1	AC 220V
13	PLC 通信电缆	RS-232	根	1	
14	计算机	自定	台	1	
15	接线端子	自定	个	若干	
16	数字式万用表	MY60 或自定	台	1	

步骤五　程序设计

根据任务的控制要求，编写控制程序。运料小车控制系统的顺序功能图编写如图5-8所示。

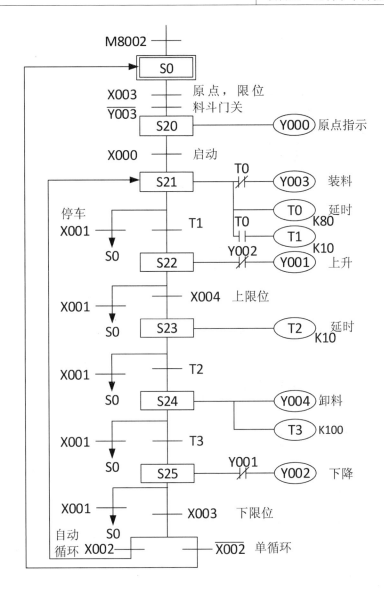

图 5-8　送料小车控制顺序功能图

步骤六　程序录入

将设计完成的程序样例，录入计算机中，程序输入的关键步骤如表 5-3 所示。

表 5-3 程序输入步骤

序号	内容	图示	操作提示
1	打开 编程 软件	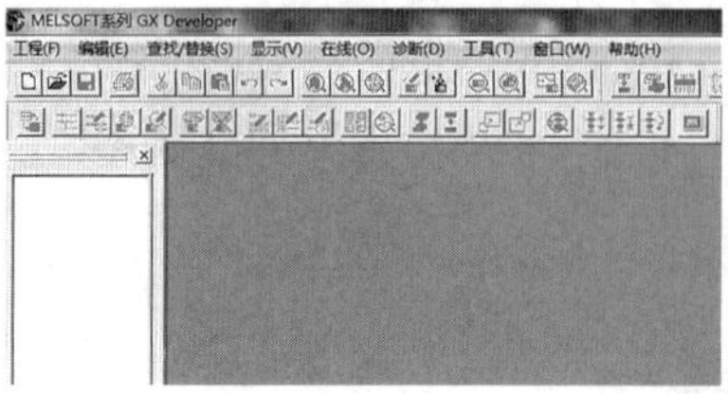	双击程序图标,运行 MELSOFTI 系列 GX-De- veloper 编程软件
2	创建 新工程	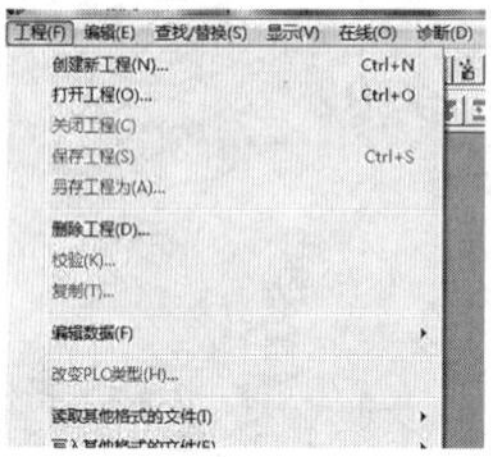	打开程序之后出现工作界面,鼠标菜单命令 [工程] — [创建新工程]
			(1)[PLC 系列]选 FXCPU (2)[PLC]类型选 FX2N (3)[程序类型]选 SFC,顺序功能图 (4)并设置工程名
3	程序 输入	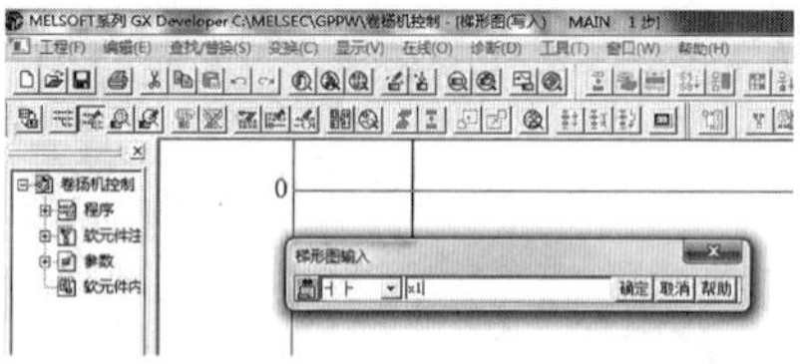	程序输入,既可以单击菜单栏图标,也可以采 用快捷键

步骤七 系统调试

控制程序录入完成后，检查程序是否有语法等错误。检查无误后，进行系统调试。

提示：

必须在教师的现场监护下进行通电调试。

通电调试，验证系统功能是否符合控制要求。调试过程主要分为以下三步：

（1）根据系统主电路及 PLC 控制电路接线图，检查 PLC 的 I/O 接口与外部信号控制开关是否连接正确。

（2）待控制程序下载到 PLC 中后，将 PLC 运行模式的选择开关拨到 RUN 位置，使 PLC 进入运行方式。

（3）调试程序并试运行，观察控制效果，并记录运行情况。

● 压合下限位开关 LS1，原点指示灯亮，料斗门关闭。

● 当选择开关 SA 闭合，按下启动按钮 SB1，料斗门打开，开始给运料车装料，时间持续 8 秒。

● 当装料结束，料斗门关闭，延时 1 秒后料车上升，直至压合上限位开关 LS2 后小车停止。

● 延时 1 秒之后开始卸料，卸料持续 10 秒，卸料完成后料车复位下降至原点，压合下限位开关 LS1 后停止。

● 按照此工作过程又开始下一个循环工作。

● 当选择开关 SA 断开，则料车工作一个循环后即停止在原点，指示灯亮。

● 当按下停止按钮 SB2 则运料小车立即停止运行。

● 记录程序调试的结果（见表 5-4）。

表 5-4 系统功能调试情况记录表（学生填写）

序号	项目	完成情况记录			备注
		第一次试车	第二次试车	第三次试车	
1	压合下限位开关 LS1，原点指示灯亮，料斗门关闭	完成（ ）	完成（ ）	完成（ ）	
		无此功能（ ）	无此功能（ ）	无此功能（ ）	
2	当选择开关 SA 闭合，按下启动按钮 SB1，料斗门打开，给运料车开始装料，时间持续 8 秒	完成（ ）	完成（ ）	完成（ ）	
		无此功能（ ）	无此功能（ ）	无此功能（ ）	

序号	项目	完成情况记录			备注
		第一次试车	第二次试车	第三次试车	
3	当装料结束，料斗门关闭，延时 1 秒后料车上升，直至压合上限位开关 LS2 后小车停止	完成（ ）	完成（ ）	完成（ ）	
		无此功能（ ）	无此功能（ ）	无此功能（ ）	
4	延时 1 秒之后开始卸料，卸料持续 10 秒，卸料完成后料车复位下降至原点，压合下限位开关 LS1 后停止	完成（ ）	完成（ ）	完成（ ）	
		无此功能（ ）	无此功能（ ）	无此功能（ ）	
5	当选择开关 SA 闭合时，运料小车按照此工作过程又开始下一循环工作	完成（ ）	完成（ ）	完成（ ）	
		无此功能（ ）	无此功能（ ）	无此功能（ ）	
6	当选择开关 SA 断开时，则料车工作一个循环后即停止在原点，指示灯亮	完成（ ）	完成（ ）	完成（ ）	
		无此功能（ ）	无此功能（ ）	无此功能（ ）	
7	按下停止按钮 SB2，小车则立即停止运行	完成（ ）	完成（ ）	完成（ ）	
		无此功能（ ）	无此功能（ ）	无此功能（ ）	

学习活动 4　任务反馈与评价

对整个项目学生的完成情况进行评价和考核，具体评价规则如表 5-5 所示。

表 5-5　项目评分标准

评价内容	序号	主要内容	考核要求	评分细则	配分	扣分	得分
职业素养与操作规范（50 分）	1	任务准备	知识点掌握	（1）步进指令概念（STL/RET） （2）状态转移图 （3）步进指令使用 相关知识点未掌握，每项扣 2 分	6		
	2	工作前准备	清点工具、仪表等	未清点工具、仪表等每项扣 1 分	4		
	3	安装与接线	按 PLC 控制 I/O 接线图在实训台上正确安装，操作规范	（1）未关闭电源开关，用手触摸电气线路或带电进行线路连接或改接，本项记 0 分 （2）线路步骤不整齐、不合理，每处扣 2 分 （3）损坏元件扣 5 分 （4）接线不规范造成导线损坏，每根扣 5 分 （5）不按 I/O 口接线图接线，每处扣 2 分	10		

评价内容	序号	主要内容	考核要求	评分细则	配分	扣分	得分
职业素养与操作规范（50分）	4	程序输入与调试	会操作编程软件，将所编写的程序输入到PLC，按照被控设备的动作要求进行模拟调试，达到控制要求	（1）不会操作编程软件输入程序，扣10分 （2）不会进行程序修改，扣2分 （3）不会联机下载调试程序，扣10分 （4）调试时造成元件损坏或者熔断器熔断，每次扣10分	20		
	5	安全文明生产	工具摆放整齐，工作台面清洁；安全着装；按维修电工操作规程进行操作	（1）乱摆放工具、仪表，乱丢杂物，完成任务后不清理工位，扣5分 （2）没有安全着装，扣5分 （3）出现人员受伤，设备损坏事故，成绩为0分	10		
作品（50分）	6	功能分析	能正确分析控制线路功能	能正确分析控制线路功能，功能分析不正确，每处扣2分	10		
	7	I/O分配表	正确完成I/O地址分配表	输入、输出地址遗漏，每处扣2分	5		
	8	安装布线	绘制电气元件布置安装图及接线图	（1）安装图绘制不规范，每处扣1分 （2）接线图绘制错误，每处扣1分	10		
	9	梯形图	梯形图正确、规范	（1）梯形图功能不正确，每处扣3分 （2）梯形图编辑不规范，每处扣1分	10		
	10	功能实现	根据控制要求，准确完成系统的安装与调试	不能达到控制要求，每处扣5分	15		
评分人：				核分人：			

注：本测评采用扣分制，按照表中的评分细则进行打分，若每项所占分值已扣完，则此项为0分。

【项目拓展】

（1）使用三菱PLC实现机械手运行的控制。某企业承担了一个机械手PLC控制系统设计任务，要求用机械手将工件由 A 处抓取并放到 B 处，机械手的初始状态（原点条件）是机械手应停在工位 A 的上方，SQ1、SQ3 均闭合。若原点的初始条件满足 SQ1、SQ3 闭合，按下启动按钮，机械手按"原点—下降—夹紧—上升—右移—下降—松开—上升—左移—原点"步骤工作。机械手控制系统如图 5-9 所示。

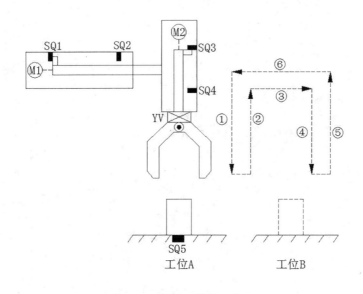

图 5-9　机械手控制示意图

系统具体控制要求如下：

1）机械手启动时，从原点开始，机械手处于初始位置，若机械手状态不是在初始位置则原点检测程序会使机械手返回到初始位置。

2）通过电动机 M2 驱动机械手下移，当下移到位后，下限位开关 SQ4 闭合，YV 控制机械手将工件夹紧，电动机 M2 驱动机械手上升，当上移到位后，开关 SQ3 闭合，通过 M1 驱动机械手向右移动，当右移到位后开关 SQ2 闭合，通过电动机 M2 驱动机械手向下移，下移到位后，开关 SQ4 闭合，YV 控制机械手将工件松开。电动机 M2 驱动机械手上升，上升到位后，开关 SQ3 闭合，电动机 M1 驱动机械手向左移，左移到位后，开关 SQ1 闭合，开始下一次工件搬运，若工位 A 无工件，SQ5 断开，机械手停止在原点位置。

3）停止控制。当按下停止按钮，机械手停止工作。

根据控制要求，绘制出此任务的 I/O 分配表、主电路原理图、PLC 控制电路原理图、器材准备表，进行程序设计，完成系统调试。

（2）将本项目的控制器更换为西门子 S7-200 系列 PLC，实现运料小车自动往返控制。根据学习活动 1 的任务要求，绘制出此任务的 I/O 分配表、主电路原理图、

PLC 控制电路原理图、器材准备表，进行程序设计，完成系统调试。

【习题】

一、填空题

1. 复合序列就是一个集_____、_____和_____于一体的结构。其中，向下面的状态直接转移或向系列外的状态转移称为_____，向上面的状态转移则称为_____。

2. 步进控制指令共有两条，分别是_____指令和_____指令，指令符分别是_____和_____。

3. STL 指令仅对_____有效，使用 STL 指令后，触点的右侧起点处要使用_____指令。

4. 状态器 S 在不用于步进控制时，也可作一般的_____使用。

5. 状态器 S 要有步进功能，必须要用_____，才能提供步进接点，同时还可提供普通接点。

二、选择题

1. STL 指令的操作元件为（　　）。

A. 定时器　　　　　B. 计数器　　　　　C. 辅助继电器 M　　　　D. 状态器 S

2. PLC 中步进触点返回指令 RET 的功能是（　　）。

A. 程序的复位指令

B. 程序的结束指令

C. 将步进触点由子母线返回到原来的左母线

D. 将步进触点由左母线返回到原来的副母线

3. FX2N 的初始化脉冲继电器是（　　）。

A. M8000　　　　　B. M8001　　　　　C. M8002　　　　　D. M8004

4. 与 STL 触点相连的触点应用（　　）指令。

A. AND 或 ANI　　　B. MC 或 MCR　　　C. LD 或 LDI　　　　D. MPP 或 MPS

三、判断题

1. 使用 STL 指令时允许双线圈输出。（　　　）

2. STL 和 RST 指令必须配对使用。（　　　）

3. STL S20 指令语句中 S20 可以是 S20 的常开触点也可以是常闭触点。（　　　）

4. 在顺序功能图对应的梯形图中只有执行完 RET 后才返回左侧母线。（　　　）

5. 初始状态用双线框表示，通常用特殊辅助继电器 M8000 的常开触点提供初始信号。（　　　）

四、操作题

搅拌控制系统程序设计——使用开关量。多种液体混合装置如图 5-10 所示。适合如饮料的生产、酒厂的配液、农药厂的配比等。装置的高液位、中液位、低液位液面传感器分别以 L1、L2、L3 来表示，液面淹没时接通，两种液体的输入和混合、液体放液阀门分别由进料泵 1（电磁阀 YV1）、进料泵 2（电磁阀 YV2）和放料泵（电磁阀 YV3）控制，M 为搅匀电动机（搅拌器）。

1. 初始状态。当装置投入运行时，料 A、料 B 阀门关闭（YV1 = YV2 = OFF），放料泵阀门打开 20 秒将容器放空后关闭。

2. 启动操作。按下启动按钮 SB1，液体混合装置开始按下列给定顺序操作：

（1）YV1 = ON，料 A 流入容器，液面上升；当液面达到 L2 处时，L2 = ON，使 YV1 = OFF，YV2 = ON，即关闭料 A 阀门，打开料 B 阀门，停止料 A 流入，料 B 开始流入，液面上升。

（2）当液面达到 L1 处时，L1 = ON，使 YV2 = OFF，电动机 M = ON，即关闭料 B 阀门，物料停止流入，开始搅拌。

（3）搅匀电动机工作 30 秒后，停止搅拌（M = OFF），放料泵阀门打开（YV3 = ON），开始释放混合完成的物料，液面开始下降。

（4）当液面下降到 L3 处时，L3 由 OFF 变到 ON，再过 5 秒，容器放空，使放液阀门 YV3 关闭，开始下一个循环周期。

3. 停止操作。在工作过程中，按下停止按钮 SB2，搅拌器并不立即停止工作，而要将当前容器内的混合工作处理完毕后（当前周期循环到底），才能停止操作，即停在初始位置上，否则会造成浪费。

试用三菱 PLC 实现多种液体混合装置的控制。

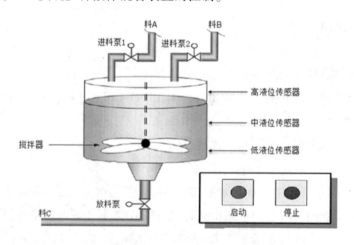

图 5-10 多种液体混合装置示意图

项目六

三相异步电动机三段速运行控制

【学习目标】

知识目标：

（1）熟悉变频器概念、基本操作及参数设置。

（2）了解使用 PLC、变频器综合控制的控制系统设计过程。

（3）熟悉 PLC、变频器实现三相异步电动机三段速运行综合控制的控制思想及控制方法。

技能目标：

（1）能正确分析 PLC 与变频器对三相异步电动机三段速运行综合控制的控制要求。

（2）能完成三相异步电动机三段速运行控制的软件程序编写及调试。

情感目标：

（1）培养学生分析、解决生产中实际问题的能力，提高学生的职业技能和专业素质。

（2）激发学生的求知欲，养成有效的学习方法。

（3）提高学生交流沟通的能力和团队互助协作精神。

【工作情景描述】

随着科技的日益进步，新技术和新设备的应用渗透到生活的方方面面，对人们的生活质量和工业制造技术水平都带来了革新、发展。选择符合规范、安全又经济高效的设备或控制方式尤为重要，同时也对可靠性的控制系统设计提出了更高的要求。

如居民小区的恒压变频供水系统、模具加工厂车床的变速进刀系统，其关键部分都是利用变频器、PLC 控制电机的变速运行，使系统更高效率地工作，节能又可靠。

下面，我们就以变频器、PLC、三相异步电动机为主要电气元件组成一个控制系统，完成控制三相异步电动机的三段速自动顺序切换（低速、中速、高速）运行。

学习活动1　明确任务

用 PLC、变频器设计一个电动机三段速运行的控制系统，其控制要求如下：

按下启动按钮，电动机以表 6-1 设置的频率进行三段速度运行，每隔 10 秒变化一次速度，最后电动机以 45Hz 的频率稳定运行，按停止按钮，电动机即停止工作。

表 6-1　三段速度的设定值

三段速度	1 段	2 段	3 段
设定值	25Hz	35Hz	45Hz

学习活动2　任务准备

知识点一　变频器概念

变频器（Variable-frequency Drive，VFD）是应用变频技术与微电子技术，通过改变电机工作电源频率方式来控制交流电动机的电力控制设备。变频器主要由整流（交流变直流）、滤波、逆变（直流变交流）、制动单元、驱动单元、检测单元、微处理单元等组成。变频器靠内部 IGBT 的开断来调整输出电源的电压和频率，根据电机的实际需要来提供其所需要的电源电压，进而达到节能、调速的目的，另外，变频器还有很多的保护功能，如过流、过压、过载保护等。随着工业自动化程度的不断提高，变频器也得到了非常广泛的应用。下面以三菱变频器（E740）为例，讲解变频器的概念及基本操作方法。

一、三菱变频器简介

三菱变频器是知名的变频器之一，在世界各地占有率比较高。在国内市场上，因为其稳定的质量，强大的品牌影响，已广泛应用于各个领域。

三菱变频器 E700 系列为通用型变频器，适用于功能要求简单、对动态性能要求较低的场合，且有价格优势。

二、三菱变频器工作原理

三菱变频器是利用电力半导体器件的通断作用，将工频电源变换为另一频率的电能控制装置。三菱变频器主要采用交—直—交方式（VVVF 变频或矢量控制变频），先把工频交流电源通过整流器转换成直流电源，然后再把直流电源转换成频率、电压均可控制的交流电源以供给电动机。三菱变频器的电路一般由整流、中间直流环节、逆变和控制四个部分组成：整流部分为三相桥式不可控整流器，逆变部分为 IGBT 三相桥式逆变器，且输出为 PWM 波形，中间直流环节为滤波、直流储能和缓冲无功功率。

主回路：电抗器的作用是防止三菱变频器产生的高次谐波通过电源的输入回路返回到电网从而影响其他的受电设备，需要根据三菱变频器的容量大小来决定是否需要加电抗器；滤波器是安装在三菱变频器的输出端，减少三菱变频器输出的高次谐波，当三菱变频器到电机的距离较远时，应该安装滤波器。虽然三菱变频器本身有各种保护功能，但缺相保护并不完美，断路器在主回路中起到过载、缺相等保护，选型时可按照三菱变频器的容量进行选择，可以用三菱变频器本身的过载保护代替热继电器。

控制回路：具有工频变频的手动切换功能，以便在变频出现故障时可以手动切工频运行，因输出端不能加电压，故工频和变频要有互锁。

三、三菱变频器选型使用

由于电力电子技术的不断发展和进步、新的控制理论的提出与完善，使交流调速传动尤其是采用性能优异的三菱变频调速传动得到了飞速发展，因此在实际工作中采用"三菱变频器+变频电机"的情况越来越多，如何正确选择三菱变频器对机械设备的正常调试运行至关重要，选型方法如下：

1. 根据机械设备的负载转矩特性来选择

在实践中常将机械设备根据负载转矩特性不同，分为恒转矩负载、恒功率负载、流体类负载三类。

2. 根据负载特性选取适当控制方式的三菱变频器

三菱变频器的控制方式主要分为：①V/f控制，包括开环控制和闭环控制。②矢量控制，包括无速度传感器控制和带速度传感器控制。③直接转矩控制。三种方式的优缺点如下：

（1）V/f控制。

1）V/f开环控制。

优点：结构简单，调节容易，可用于通用鼠笼形异步电机。

缺点：低速力矩难保证，不能采用力矩控制，调速范围小。

主要采用场合：一般的风机、泵类节能调速或一台变频器带多台电机传动场合。

2）V/f闭环控制。

优点：结构简单，调速精度比较高，可用于通用性异步电机。

缺点：低速力矩难保证，不能采用力矩控制，调速范围小，要增加速度传感器。

主要采用场合：用于保持压力，温度，流量，pH定值等过程场合。

（2）矢量控制。

1）无速度传感器的矢量控制。

优点：不需要速度传感器，力矩响应好、结构简单，速度控制范围较广。

缺点：需要设定电机参数，须有自动测试功能。

采用场合：一般工业设备，大多数调速场合。

2）带有速度传感器的矢量控制。

优点：力矩控制性能良好，力矩响应好，调速精度高，速度控制范围大。

缺点：需要正确设定电机参数，需要自动测试功能，需要高精度速度传感器。

使用场合：用于精确控制力矩和高速度的高动态性能应用场合。

（3）直接转矩控制。

优点：不需要速度传感器，力矩响应好，结构较简单，速度控制范围较大。

缺点：需要设定电机参数，须有自动测试功能。

主要采用场合：用于精确控制力矩的高动态性能应用场合，如起重机、电梯、轧机等。

3. 根据使用安装环境选用三菱变频器的防护结构

三菱变频器的防护结构要与其安装环境相适应，这就要考虑环境温度、湿度、粉尘、酸碱度、腐蚀性气体等因素，这样与三菱变频器能否长期、稳定、安全、可靠的运行关系重大。三菱变频器的防护结构主要包括：①开放型 IP00。②封闭型

IP20、IP21。③密封型 IP40、IP41。④密闭型 IP54、IP55。

4. 变频器选型的注意事项

（1）根据负载特性选择变频器。如负载为恒转矩负载需选择 siemens MMV/MDV 变频器，如负载为风机、泵类时应选择 siemens ECO 变频器。

（2）选择变频器时应以实际电机电流值作为选择变频器的依据，电机的额定功率只能作为参考。另外，应充分考虑变频器的输出含有高次谐波，会造成电动机的功率因数和效率都会变坏。因此，用变频器给电动机供电与用工频电网供电相比较，电动机的电流增加10%而温升增加约20%。所以，在选择电动机和变频器时，应考虑到这种情况，适当留有余量，以防止温升过高，影响电动机的使用寿命。

（3）变频器若要长电缆运行时，此时应该采取措施抑制长电缆对地耦合电容的影响，避免变频器出力不够。所以，变频器应放大一挡选择或在变频器的输出端安装输出电抗器。

（4）当变频器用于控制并联的几台电机时，一定要考虑变频器到电动机的电缆的长度总和在变频器的容许范围内。如果超过规定值，要放大一挡或两挡来选择变频器。另外，在此种情况下，变频器的控制方式只能为 V/F 控制方式，并且变频器无法保护电动机的过流、过载保护，此时需在每台电动机上加熔断器来实现保护。

（5）对于一些特殊的应用场合，如高温、高开关频率、高海拔等，会引起变频器的降容，变频器需放大一挡选择。

（6）使用变频器控制高速电机时，由于高速电动机的电抗小，高次谐波亦增加输出电流值。因此，选择用于高速电动机的变频器时，应比普通电动机的变频器稍大一些。

（7）变频器用于变极电动机时，应充分注意选择变频器的容量，使其最大额定电流在变频器的额定输出电流以下。另外，运行中需进行极数转换时，应先停止电动机的工作，否则会造成电动机空转，恶劣时会造成变频器损坏。

（8）驱动防爆电动机时，变频器没有防爆构造，应将变频器设置在危险场所之外。

（9）使用变频器驱动齿轮减速电动机时，使用范围受到齿轮转动部分润滑方式的制约。润滑油润滑时，在低速范围内没有限制；在超过额定转速以上的高速范围内，有可能发生润滑油用光的危险。因此，不要超过最高转速容许值。

（10）变频器驱动绕线转子异步电动机时，大多是利用已有的电动机。

与普通的鼠笼电动机相比，绕线电动机绕组的阻抗小。因此，容易发生由于纹波电流引起的过电流跳闸现象，所以应选择比通常容量稍大的变频器。一般绕线电动机多用于飞轮力矩 GD2 较大的场合，在设定加减速时间时应多注意。

（11）变频器驱动同步电动机时，与工频电源相比，会降低输出容量 10% ~ 20%，变频器的连续输出电流要大于同步电动机额定电流与同步牵入电流的标幺值的乘积。

（12）对于压缩机、振动机等转矩波动大的负载和油压泵等有峰值负载情况下，如果按照电动机的额定电流或功率值选择变频器的话，有可能发生因峰值电流使过电流保护动作现象。因此，应了解工频运行情况，选择比其最大电流更大的额定输出电流的变频器。变频器驱动潜水泵电动机时，因为潜水泵电动机的额定电流比通常电动机的额定电流大，所以选择变频器时，其额定电流要大于潜水泵电动机的额定电流。

（13）当变频器控制罗茨风机时，由于其启动电流很大，所以选择变频器时一定要注意变频器的容量是否足够大。

（14）选择变频器时，一定要注意其防护等级是否与现场的情况相匹配。否则现场的灰尘、水汽会影响变频器的长久运行。

（15）单相电动机不适用变频器驱动。

知识点二　变频器接线要求

一、三菱变频器 E740 产品硬件认识

1. 变频器型号（见图 6-1）

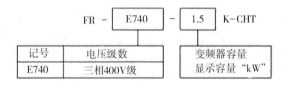

图 6-1　变频器型号

2. 产品各部分名称（见图 6-2）

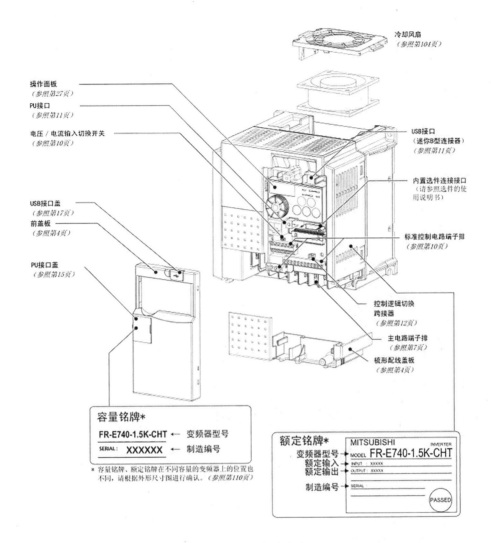

图 6-2 产品各部分名称

二、三菱变频器 E740 拆卸与安装

1. 变频器前盖板（见图 6-3）

2. 变频器配线盖板

将配线盖板向前拉即可简单卸下，安装时请对准安装导槽将盖板装在主机上，如图 6-4 所示。

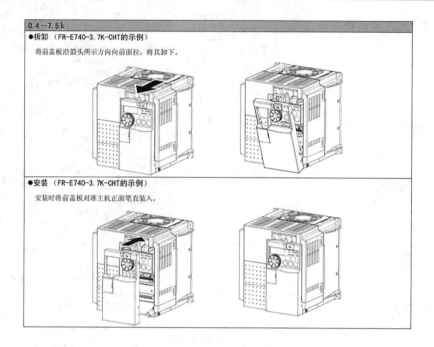

图 6-3　变频器前盖板拆卸与安装

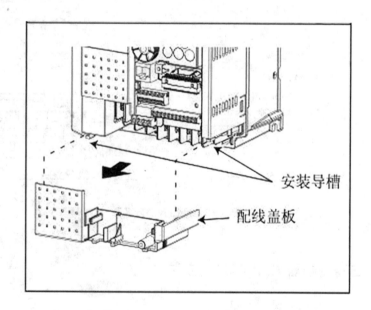

图 6-4　变频器配线盖板拆卸与安装

3. 变频器安装注意事项

（1）柜内安装时，取下前盖板和配线板后固定，如图 6-5 所示。

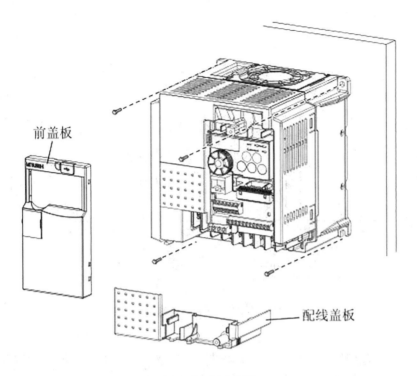

图 6-5 柜内安装

注意：1）安装多个变频器时，要并列放置，安装后采取冷却措施，如图 6-6 所示。

2）垂直安装变频器。

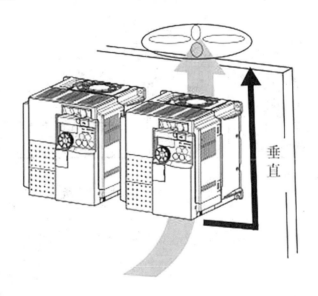

图 6-6 安装多个变频器

（2）安装变频器的条件，如图 6-7 所示。

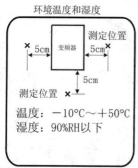
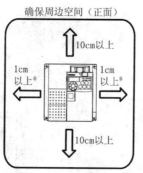

环境温度和湿度　　　　　　确保周边空间（正面）　　　　确保周边空间（侧面）

测定位置

温度：−10℃～+50℃
湿度：90%RH以下

请确保足够的安装空间，并实施
冷却对策

* 在环境温度40℃以下使用时可以
密集安装（0间隔）。环境温度
若超过40℃，变频器横向周边空
间应在1cm以上（5.5k以上应为
5cm以上）

* 5.5k以上应为5cm以上

图 6-7　变频器安装条件

（3）变频器是用精密的机械和电子零件制作而成的，如图 6-8 所示场所安装或使用时，有可能导致动作异常或发生故障，请尽量避免。

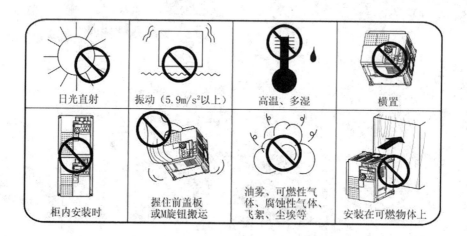

图 6-8　应避免使用场所

三、接线

1. 端子接线图

三相 380V 电源输入，如图 6-9 所示。

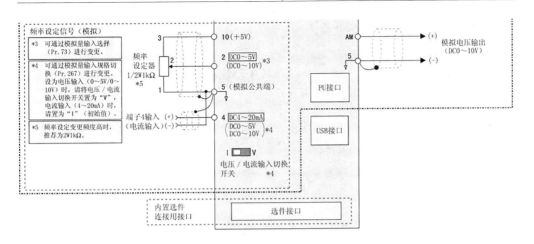

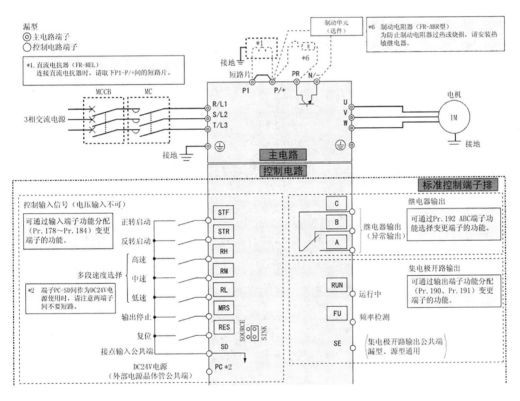

图 6-9 端子接线图

注：噪声干扰可能导致误动作发生，所以信号线要离动力线 10cm 以上。

2. 主电路端子规格（见表6-2）

表6-2　主电路端子规格

端子记号	端子名称	端子功能说明
R/L1、S/L2、T/L3	交流电源输入	连接工频电源 当使用高功率因数变流器（FR-HC）及其直流母线变流器（FR-CV）时不要连接任何东西
U、V、W	变频器输出	连接三相鼠笼电机
P/+、PR	制动电阻器连接	在端子P/+-PR间连接选购的制动电阻器（FR-ABR）
P/+、N/-	制动单元连接	连接制动单元（FR-BU2）、直流母线变流器（FR-CV）以及高功率因数变流器（FR-HC）
P/+、P1	直流电抗器连接	拆下端子P/+-PI间的短路片，连接直流电抗器
⏚	接地	变频器机架接地用，必须接大地

知识点三　变频器参数的设置方法

　　三菱变频器的设定参数多，每个参数均有一定的选择范围，使用中常常遇到因个别参数设置不当而导致变频器不能正常工作的现象。

　　三菱变频器控制方式：速度控制、转距控制、PID控制或其他方式。采取控制方式后，一般要根据控制精度进行静态或动态辨识。

　　三菱变频器最低运行频率：电机运行的最小转速，电机在低转速下运行时，其散热性能很差，电机长时间运行在低转速下，会导致电机烧毁。而且低速时，电缆中的电流增大，也会导致电缆发热。

　　三菱变频器最高运行频率：一般的三菱变频器最大频率到60Hz，有的甚至到400Hz，高频率将使电机高速运转，这对普通电机来说，其轴承不能长时间地超额定转速运行，电机的转子无法承受这样的离心力。

　　三菱变频器载波频率：载波频率设置的越高其高次谐波分量越大，这与电缆的长度、电机发热、电缆发热、三菱变频器发热等因素是密切相关的。

　　电机参数：三菱变频器在参数中设定电机的功率、电流、电压、转速、最大频率等参数可以从电机铭牌中直接得到。

三菱变频器跳频：在某个频率点上，有可能会发生共振现象，特别在整个装置比较高时；在控制压缩机时，要避免压缩机的喘振点。

三菱变频器 E740 参数设定步骤：

先按 PU/EXT 键，使 PU 指示灯点亮，再按左边的 MODE 键，转动旋钮至需要设定参数的代码后，按 SET 键进入该代码，旋转旋钮直至显示所需数值，再按 SET 键，数值开始闪烁，再按 SET 键，旋转旋钮至下一需设定代码，利用同上方式设定所需改变代码参数，完毕后按 MODE 两次，退出至显示 0.00。

（1）P160 = 0：扩展参数显示。

（2）P5 = 10：上升低速运行频率。

（3）P6 = 10：下降低速运行频率。

（4）P7 = 1：启动频率加速时间。

（5）P8 = 0：停机减速时间。

（6）P13 = 5：启动频率。

（7）P25 = 30：下降高速运行频率。

（8）P26 = 40：上升高速运行频率。

（9）P79 = 3：运行模式。

（10）P180 = 0：下降低速端子 RL。

（11）P181 = 1：上升中速端子 RM。

（12）P182 = 2：高速运行端子 RH。

（13）P192 = 99：变频器异常输出 AC。

（14）若参数不能输入，按 PU/EXT 键，将功能指示灯 PU 点亮。

（15）ALLC = 1：恢复出厂值（请勿轻易使用）。

RL+STR = Q0.04　　　RM+STF = Q0.05　　　RH = Q0.06　　　SD = COM

知识点四　变频器的使用注意事项

FR-E700 系列变频器虽然是高可靠性产品，但周边电路的连接方法错误以及运行、使用方法不当也会导致产品寿命缩短或损坏。运行前请务必重新确认下列注意事项：

（1）电源及电机接线的压接端子推荐使用带绝缘套管的端子。

（2）电源若向变频器的输出端子（U、V、W）通电，则会导致变频器损坏。

因此，请务必防止此种接线。

（3）接线时请勿在变频器内留下电线切屑。电线切屑可能会导致异常、故障、误动作发生，请保持变频器的清洁。在控制柜等上钻安装孔时请勿使切屑粉掉进变频器内。

（4）为使电压降在 2% 以内请用适当规格的电线进行接线。变频器和电机间的接线距离较长，特别是低频率输出时，会由于主电路电缆的电压下降而导致电机的转矩下降。

（5）接线总长请不要超过 500m。尤其是长距离接线时，由于接线寄生电容所产生的充电电流会引起高响应电流限制功能下降，变频器输出侧连接的设备可能会发生误动作或异常，因此请务必注意总接线长度。

（6）电磁波干扰。变频器输入/输出（主电路）包含有高次谐波成分，可能干扰变频器附近的通信设备（如 AM 收音机）。这种情况下安装无线电噪声滤波器 FR-BIF（输入侧专用），无线噪声滤波器 FR-BSF01、FR-BLF 等选件，可以将干扰降低。

（7）在变频器的输出侧请勿安装移相用电容器或浪涌吸收器、无线电噪声滤波器等。否则将导致变频器故障、电容器和浪涌抑制器的损坏。如上述任何一种设备已安装，请立即拆掉。

（8）运行后若要进行接线变更等作业，请在切断电源 10 分种后用测试仪测试电压后再进行。切断电源后一段时间内电容器仍然有高压电，非常危险。

（9）变频器输出侧的短路或接地可能会导致变频器模块损坏。

1）由于周边电路异常而引起的反复短路、接线不当、电机绝缘电阻低下而实施的接地都可能造成变频器模块损坏，因此在运行变频器前请充分确认电路的绝缘电阻。

2）在接通电源前请充分确认变频器输出侧的对地绝缘、相间绝缘。使用特别旧的电机，或者使用环境较差时，请务必切实进行电机绝缘电阻的确认。

（10）不要使用变频器输入侧的电磁接触器启动/停止变频器。变频器的启动与停止请务必使用启动信号（STF、STR 信号的 ON、OFF）进行。

（11）除了外接再生制动用放电电阻器以外，P/+、PR 端子请不要连接其他设备。安装和接线请不要连接机械式制动器。另外，此间也绝对不能发生短路。

（12）变频器输入输出信号电路上不能施加超过容许电压以上的电压。如果向变频器输入输出信号电路施加了超过容许电压的电压，极性错误时输入输出元件便会损坏。特别是要注意确认接线，确保不会出现速度设定用电位器连接错误、端子 10~5 之间短路的情况。

（13）在有工频供电与变频器切换的操作中，请确保用于工频切换的 MC1 和 MC2 可以进行电气和机械互锁。误接线的工频供电与变频器切换电路时，因切换时的电弧或顺控错误时造成的振荡等，会引起来自电源的电流损坏变频器。

（14）需要防止停电后恢复通电时设备的再启动，请在变频器输入侧安装电磁接触器，同时不要将顺控设定为启动信号 ON 的状态。若启动信号（启动开关）保持 ON 的状态，通电恢复后变频器将自动重新启动。

（15）过负载运行的注意事项。变频器运行、停止的频度过高时，因大电流反复流过，变频器的晶体管元件会反复升温、降温，从而可能会因热疲劳导致寿命缩短。热疲劳的程度受电流大小的影响，因此减小堵转电流及启动电流可以延长寿命。虽然减小电流可延长寿命，但由于电流不足可能引起转矩不足，从而导致无法启动的情况发生。因此，可采取增大变频器容量（提高 2 级左右），使电流保持一定宽裕的对策。

（16）请充分确认规格、额定值是否符合机器及系统的要求。

（17）通过模拟信号使电机转速可变后使用时，为了防止变频器发出的噪声导致频率设定信号发生变动以及电机转速不稳定等情况，请采取下列对策：

1）避免信号线和动力线（变频器输入输出线）平行接线和成束接线。

2）信号线尽量远离动力线（变频器输入输出线）。

3）信号线使用屏蔽线。

4）信号线上设置铁氧体磁芯（如 ZCAT3035-1330 TDK 制）。

学习活动 3　任务实施

步骤一　系统功能分析

根据系统控制要求，电动机的三段速运行可采用变频器的多段速运行来控制，变频器的多段速运行信号通过 PLC 的输出端子来提供，即通过 PLC 控制变频器的 RL、RM、RH、STR、STF 和 SD 端子的通和断。将 P79 设为 3，采用操作面板 PU 与外部信号的组合控制，用操作面板 PU 设定运行频率，用外部端子控制电动机的启动、停止。

步骤二　变频器的参数设定

根据表 6-1 的控制要求，设定变频器的基本参数、操作模式选择参数和多段速度设定等参数，具体如下：

（1）上限频率 P1 = 50Hz。

（2）下限频率 P2 = 0Hz。

（3）基波频率 P3 = 50Hz。

（4）加速时间 P7 = 2.5s。

（5）减速时间 P8 = 2.5s。

（6）电子过电流保护 P9 设为电动机的额定电流。

（7）操作模式选择（组合）P79 = 3。

（8）多段速度设定（1 速）P4 = 25Hz。

（9）多段速度设定（2 速）P5 = 35Hz。

（10）多段速度设定（3 速）P6 = 45Hz。

（11）将 STR 端子功能选择设为"复位"（RES）功能，即 P63 = 10。

步骤三　I/O 地址分配

根据项目的控制要求、设计思路和变频器的设定参数，PLC 的输入/输出具体地址分配如表 6-3 所示。

表 6-3　I/O 地址分配

输入			输出		
输入继电器	电路元件	作用	输出继电器	电路元件	作用
X0	SB1（常开触点）	启动按钮	Y0	STF	运行信号
X1	SB2（常开触点）	停止按钮	Y1	RH	1 速
			Y2	RM	2 速
			Y3	RL	3 速
			Y4	STF/RES	复位

步骤四 PLC 接线图

根据系统功能分析及 I/O 地址分配表，绘制 PLC 与变频器外部接线电路图如图 6-10 所示。

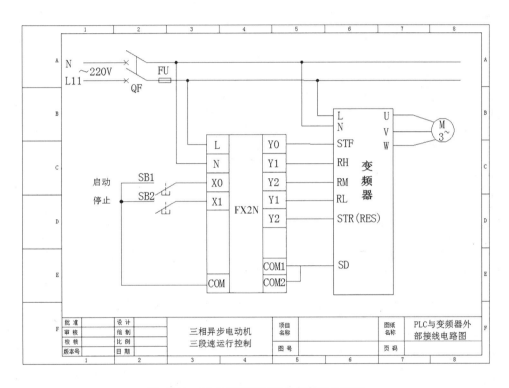

图 6-10 PLC 与变频器的外部接线电路图

步骤五 器材准备

本项目实训所用元器件的清单，如表 6-4 所示。

表 6-4　三相异步电动机三段速运行控制实训元器件清单

序号	名称	规格型号	单位	数量	备注
1	电源	AC 220V、380V			
2	低压断路器	DZ47LE-32 D6 AC380V	个	1	3P+N
3	低压断路器	DZ47LE-32 C6 AC220V	个	1	1P+N
4	常开按钮	DC 24V（非自锁）	个	2	
5	熔断器及配套熔芯	RT18-32	个	2	3P，1P
6	热继电器	JR36-20	个	1	
7	变频器	三菱 E740	台	1	
8	三相异步电动机	YS-W6314 180W 380V 0.63A	台	1	
9	PLC 主机	FX2N-16MR-001 或自定	台	1	AC 220V
10	PLC 通信电缆	RS-232	根	1	
11	计算机	自定	台	1	
12	接线端子	自定	个	若干	
13	数字式万用表	MY60 或自定	台	1	

步骤六　程序设计

根据系统控制要求，可设计出控制系统的顺序功能图（状态转移图），如图 6-11 所示。

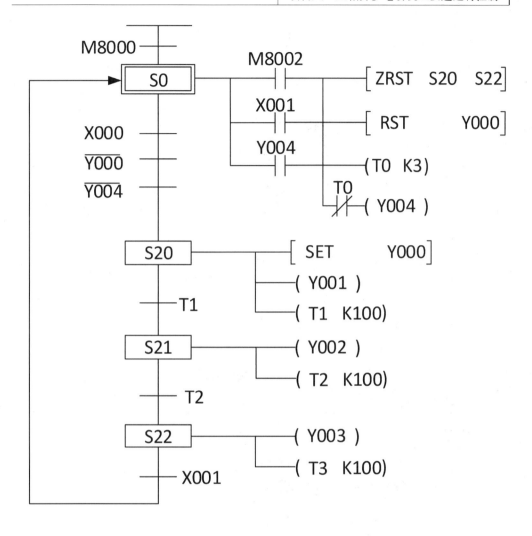

图 6-11　电动机三段速运行控制系统顺序功能

步骤七　程序录入

　　输入 PLC 梯形图程序，将如图 6-11 所示的顺序功能图，通过编程软件正确输入计算机中，并将 PLC 程序文件下载到 PLC 中。

　　程序输入步骤如表 6-5 所示。

表 6-5　程序输入步骤

序号	内容	图示	操作提示
1	打开编程软件	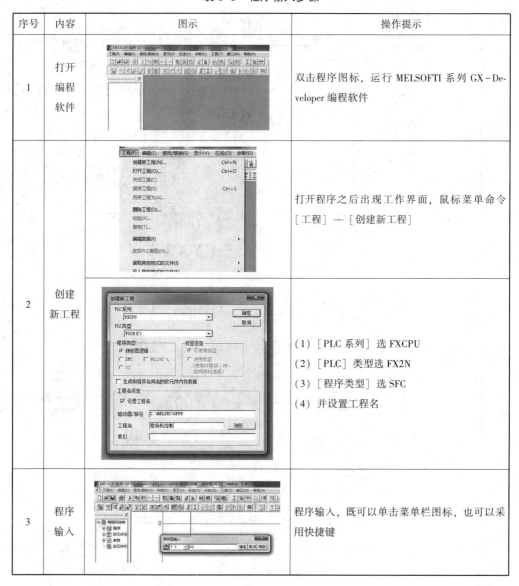	双击程序图标，运行 MELSOFTI 系列 GX-Developer 编程软件
2	创建新工程		打开程序之后出现工作界面，鼠标菜单命令 [工程] — [创建新工程]
			(1) [PLC系列] 选 FXCPU (2) [PLC] 类型选 FX2N (3) [程序类型] 选 SFC (4) 并设置工程名
3	程序输入		程序输入，既可以单击菜单栏图标，也可以采用快捷键

步骤八　系统调试

控制程序录入完成后，检查程序是否有语法等错误。检查无误后，进行系统调试。

提示：必须在教师的现场监护下进行通电调试。

通电调试，验证系统功能是否符合控制要求。调试过程主要分为以下几步：

（1）根据 PLC 与变频器外部接线电路图，检查 PLC 的 I/O 接口与外部信号控制开关及变频器的接线是否连接正确。

（2）待控制程序下载到 PLC 中后，将 PLC 运行模式的选择开关拨到 RUN 位置，使 PLC 进入运行方式。

（3）运用变频器操作面板对电动机的运行参数进行设定。

（4）调试程序并试运行，观察控制效果，记录运行情况。

1）PLC 模拟调试。

按图 6-10 正确连接输入设备（按钮 SB1、SB2），进行 PLC 的模拟调试，观察 PLC 的输出指示灯是否按要求指示（按下启动按钮 SB1，PLC 输出指示灯 Y0、Y1亮；10 秒后 Y1 灭，Y0、Y2 亮；再过 10 秒后 Y2 灭，Y0、Y3 亮；任何时候按下停止按钮 SB2，Y0～Y3 都熄灭，Y4 闪一下）。若输出有误，检查并修改程序，直至指示正确。

2）空载调试。

按图 6-10 将 PLC 与变频器连接好，但不接电动机，进行 PLC、变频器的空载调试，通过变频器的操作面板观察变频器的输出频率是否符合要求（即按下启动按钮 SB1，变频器输出 25Hz，10 秒后输出 35Hz，再过 10 秒后输出 45Hz，任何时候按下停止按钮 SB2，变频器在 2 秒内减速至停止），若变频器的输出频率不符合要求，检查变频器参数、PLC 程序，直至变频器按要求运行。

3）系统调试。

按图 6-10 正确连接全部设备，进行系统调试，观察电动机能否按控制要求运行（即按下启动按钮 SB1，电动机以 25Hz 速度启动运行，10 秒后转换为 35Hz 速度运行，再过 10 秒后转换为 45Hz 速度运行，任何时候按下停止按钮 SB2，电动机在 2秒内减速至停止）。否则，检查系统接线、变频器参数、PLC 程序，直至电动机按控制要求运行。

（5）记录程序调试的结果（见表 6-6）。

表 6-6 调试情况记录表（学生填写）

序号	项目	完成情况记录			备注
		第一次试车	第二次试车	第三次试车	
1	按下启动按钮 SB1，观察电动机是否以 25Hz 速度启动运行	完成（ ）	完成（ ）	完成）	
		无此功能（ ）	无此功能（ ）	无此功能（ ）	

序号	项目	完成情况记录			备注
		第一次试车	第二次试车	第三次试车	
2	10秒后转换为35Hz速度运行	完成（ ） 无此功能（ ）	完成（ ） 无此功能（ ）	完成（ ） 无此功能（ ）	
3	再过10秒后转换为45Hz速度运行	完成（ ） 无此功能（ ）	完成（ ） 无此功能（ ）	完成（ ） 无此功能（ ）	
4	任何时候按下停止按钮SB2，电动机在2秒内减速至停止	完成（ ） 无此功能（ ）	完成（ ） 无此功能（ ）	完成（ ） 无此功能（ ）	

学习活动4　任务反馈与评价

对整个项目学生的完成情况进行评价和考核，具体评价规则如表6-7所示。

表6-7　项目评分标准

评价内容	序号	主要内容	考核要求	评分细则	配分	扣分	得分
职业素养与操作规范（50分）	1	任务准备	知识点掌握	（1）变频器概念 （2）变频器接线要求 （3）变频器参数设置方法 （4）变频器使用注意事项 未掌握基本指令相关知识点每项扣2分	8		
	2	工作前准备	清点工具、仪表等	未清点工具、仪表等每项扣1分	2		
	3	安装与接线	按PLC控制I/O接线图在实训台上正确安装，操作规范	（1）未关闭电源开关，用手触摸电气线路或带电进行线路连接或改接，本项记0分 （2）线路步骤不整齐、不合理，每处扣2分 （3）损坏元件扣5分 （4）接线不规范造成导线损坏，每根扣5分 （5）不按I/O口接线图接线，每处扣2分	10		

评价内容	序号	主要内容	考核要求	评分细则	配分	扣分	得分
职业素养与操作规范（50分）	4	程序输入与调试	会操作编程软件，将所编写的程序输入PLC，按照被控设备的动作要求进行模拟调试，达到控制要求	（1）不会操作编程软件输入程序，扣10分 （2）不会进行程序修改，扣2分 （3）不会联机下载调试程序，扣10分 （4）调试时造成元件损坏或者熔断器熔断，每次扣10分	20		
	5	安全文明生产	工具摆放整齐，工作台面清洁；安全着装；按维修电工操作规程进行操作	（1）乱摆放工具、仪表，乱丢杂物，完成任务后不清理工位，扣5分 （2）没有安全着装，扣5分 （3）出现人员受伤、设备损坏事故，成绩为0分	10		
作品（50分）	6	功能分析	能正确分析控制线路功能	能正确分析控制线路功能，功能分析不正确，每处扣2分	10		
	7	I/O分配表	正确完成I/O地址分配表	输入、输出地址遗漏，每处扣2分	5		
	8	硬件接线图	绘制I/O接线图	（1）接线图绘制错误，每处扣2分 （2）接线图绘制不规范，每处扣1分	5		
	9	梯形图	梯形图正确、规范	（1）梯形图功能不正确，每处扣3分 （S2）梯形图编辑不规范，每处扣1分	15		
	10	功能实现	根据控制要求，准确完成系统的安装与调试	不能达到控制要求，每处扣5分	15		
评分人：				核分人：			

注：本测评采用扣分制，按照表中的评分细则进行打分，若每项所占分值已扣完，则此项为0分。

【项目拓展】

（1）使用三菱PLC、变频器实现变频器控制三相异步电动机正反转的控制。具体控制要求如下：

1）正确设置变频器输出的额定频率、额定电压、额定电流、额定功率、额定转速。

2）通过外部端子控制电动机启动/停止、正转/反转，打开开关"SB1"、"SB3"，电动机正转，打开开关"SB2"，电动机反转，关闭"SB2"，电动机正转；在正转/反转的同时，关闭"SB3"，电动机停止。

3）运用变频器操作面板改变电动机启动的点动运行频率和加减速时间。

4）打开开关"SB1"、"SB2"、"SB3"，观察并记录电动机的运行情况。

根据控制要求，绘制出此任务的变频器参数设定表、I/O 分配表、主电路原理图、PLC 控制电路原理图、器材准备表，进行程序设计，完成系统调试。

（2）将本项目的控制器更换为西门子 S7-200 系列 PLC，实现 PLC 与变频器对三相异步电动机三段速运行的综合控制。根据学习活动 1 的任务要求，绘制出此任务的变频器参数设定表、I/O 分配表、主电路原理图、PLC 控制电路原理图、器材准备表，进行程序设计，完成系统调试。

【习题】

填空题

1. 三菱变频器工作原理是：_____。

2. 三菱变频器 P79 参数设置端口功能是：_____。

3. 三菱变频器 P7 参数设置端口功能是：_____。

4. 三菱变频器 P8 参数设置端口功能是：_____。

5. 三菱变频器硬件端口 STF 功能是：_____。

6. 三菱变频器硬件端口 STR 功能是：_____。

7. 三菱变频器硬件端口 SD 功能是：_____。

8. 三菱变频器频率设定端口"2"是指：_____，"4"是指：_____。

9. 三菱变频器进入"频率设定"模式的按键是：_____。

10. 三菱变频器"切换设定模式"的按键是：_____。

西门子 S7-200PLC 常用功能指令简介

一、位逻辑指令

位操作指令属于基本逻辑控制指令，是专门针对位逻辑量进行处理的指令。它与使用继电器指令进行逻辑控制十分相似。位逻辑指令包括触点指令、线圈指令、置位/复位指令、正/负跳变指令和堆栈指令等，主要分为位操作指令部分和位逻辑运算指令部分。S7-200 系列 PLC 中还提供了立即指令，主要用于对输出线圈的无延时控制。

S7-200 系列 PLC 常用的位逻辑指令有 LD、LDN、A、AN、O、ON、NOT、=共8 条指令，说明如附表 1-1 所示。

附表 1-1　位逻辑指令

指令格式	功能说明	举例	
		梯形图	指令语句表
LD bit	装载指令，其功能是将常开触点与左母线连接，开始一个网路块中的逻辑运算	I0.0	LD I0.0
LDN bit	非装载指令，其功能是将常闭触点与左母线连接，开始一个网络块中的逻辑运算	I0.0	LDN I0.0
A bit	常开触点串联指令（又称与指令），其功能是将常开触点与其他触点串联，执行逻辑与运算	I0.0 I0.1	LD I0.0 A I0.1

125

续表

指令格式	功能说明	举例	
		梯形图	指令语句表
AN　bit	常闭触点串联指令（又称与非指令），其功能是将常闭触点与其他触点串联，执行逻辑与运算		LD　I0.0 AN　I0.1
O　bit	常开触点并联指令（又称或指令），其功能是将常开触点与其他触点并联		LD　I0.1 O　Q0.0
ON　bit	常闭触点并联指令（又称或指令），其功能是将常闭触点与其他触点并联		LD　I0.1 ON　Q0.0
NOT	取反指令，其功能是将NOT之前的运算结果取反		LD　I0.0 NOT
＝　bit	输出指令，其功能是输出线圈		LD　I0.0 ＝　Q0.0

1. LD（Load）、LDN（Load Not）及＝（Out）指令

LD为装载指令，常开触点与母线相连，开始一个网路块中的逻辑运算。

LDN为非装载指令，常闭触点与母线连接，开始一个网络块中的逻辑运算。

＝为线圈驱动指令。

LD、LDN及＝指令使用举例如附图1-1所示。当I0.0闭合时，输出线圈Q0.0接通。当I0.1断开时，输出线圈Q0.1和内部辅助线圈M0.0接通。

LD、LDN及＝使用说明：

（1）内部输入触点（I）的闭合与断开仅与输入映像寄存器响应位的状态有关，而与外部输入按钮、接触器、继电器的常开/常闭接法无关。如果输入映像寄存器相应相位为1，则内部常开触点闭合，常闭触点断开，输入映像寄存器相应相位为0，则内部常开触点断开，常闭触点闭合。

```
    I0.0        Q0.0         LD    I0.0
   ─┤ ├────────( )           =     Q0.0
                             LDN   I0.1
网络 2                        =     Q0.1
────────────────────         Q     M0.0
    I0.1        Q0.1
   ─┤／├──┬─────( )
          │     M0.0
          └─────( )
```

附图 1-1　LD、LDN、=指令的用法

（2）LD、LDN 指令不仅用于网络块逻辑计算的开始，而且在块操作 ALD、OLD 中也要配合使用。

（3）在同一网络块中，=指令可以任意次使用，驱动多个线圈。

（4）同一编号的线圈在一个程序中使用两次及以上，叫作线圈重复输出。因为 PLC 在运算时仅将输出结果置于输出映像寄存器中，在所有程序运算均结束后才统一输出，所以在线圈重复输出时，后面的运算结果会覆盖前面的结果，容易引起误操作，因此，建议避免使用。

（5）梯形图的每一个网络块均从左母线开始，接着是各种触点的逻辑连接，最后是以线圈或指令盒结束。一定不能将触点置于线圈右边，线圈和指令盒一般也不能直接接在左母线上，如确有需要，可以利用特殊标志位存储器（如 M0.0）连接。

2. 触点串联指令 A、AN 指令

A（AND）："与"指令。用于单个常开触点串联连接指令，执行逻辑与运算。

A（And Not）："与反"指令。用于单个常闭触点串联连接指令，执行逻辑与运算。

A、AN 两条指令的用法如附图 1-2 所示。

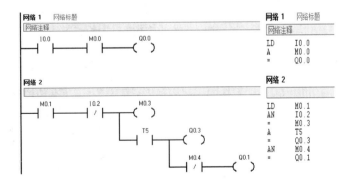

附图 1-2　A、AN 指令的用法

A、AN 指令使用说明：

（1）A、AN 是单个触点串联连接指令，可连接使用。S7-200 PLC 的编程软件中规定的串联触点使用上限为 11 个。

（2）附图 1-3 中所示的连接输出电路，可以反复使用 = 指令，但次序必须正确，不然就不能连续使用。

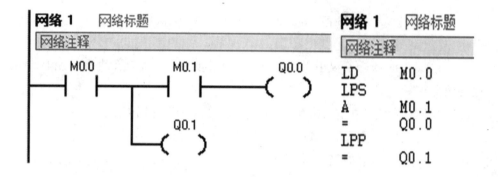

附图 1-3　不能连续使用 = 指令

二、定时器指令

定时器指令在编辑中首先要设置预置值，以确定定时时间。在程序的运行过程中，定时器不断累计时间。当累计的时间与设置时间相等时，定时器发生动作，以实现各种定时逻辑控制工作。定时器指令分辨率（实基）有三种，分别为 1ms、10ms、100ms，分辨率是指定时器中能够区分的最小时间增量，即精度。具体的定时时间 T 由预置值 PT 和分辨率的乘积决定。

定时器指令梯形图与指令表格式如附表 1-2 所示，可操作数如附表 1-3 所示。

附表 1-2　定时器梯形图和指令表格式

名称	接通延时定时器	记忆接通延时定时器	断开延时定时器
定时器类型	TON	TONR	TOF
指令表	TON　Tn, PT	TONR　Tn, PT	TOF　Tn, PT
梯形图	T37 IN　TON 50-PT　100 ms	T33 IN　TOF 500-PT　10 ms	T69 IN　TONR 50-PT　100 ms

128

附表 1-3 定时器指令可操作数

输入/输出	可用操作数
Tn	常数（0~255）
IN	能流
PT	VW、IW、QW、MW、SW、SMW、LW、AIW、T、C、AC、常数、*VD、*AC、*LD

1. 接通延时定时器 TON（On. Delay Timer）

接通延时定时器用于单一时间间隔的定时，其应用如附图 1-4 所示。

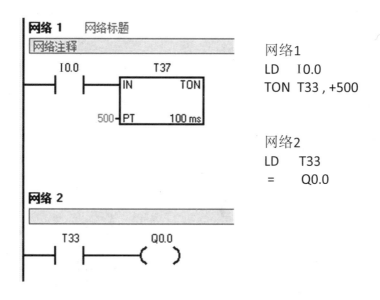

附图 1-4 接通延时定时器（TON）应用

（1）PLC 上电后的第一个扫描周期，定时器位为断开（OFF），当前值恢复为 0。输入端 I0.0 接通后，定时器当前值从 0 开始计时，在当前值达到预定值时定时器位闭合（ON），当前值仍会连续计数。

（2）在输入端断开后，定时器自动复位，定时器位同时断开（OFF），当前值恢复为 0。若再次将 I0.0 闭合，则定时器重新开始计时，若未达到定时时间 I0.0 已断开，则定时器复位，当前值恢复为 0。

（3）在本例中，在 I0.0 闭合 5 秒后，定时器位 T33 闭合，输出线圈 Q0.0 接通。I0.0 断开，定时器复位，Q0.0 断开。I0.0 再次接通时间较短，定时器没动作。

2. 记忆接通延时继电器 TONR（Retentive On. Delay Timer）

记忆接通延时定时器具有记忆功能，可用于累计输入信号的接通时间。其应用如附图 1-5 所示。

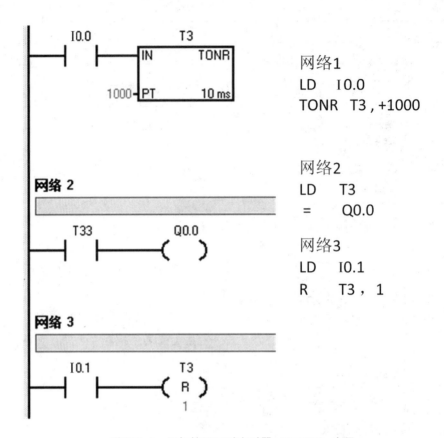

网络1
LD   I0.0
TONR T3,+1000

网络2
LD   T3
=   Q0.0

网络3
LD   I0.1
R   T3，1

附图 1-5　记忆接通延时定时器（TONR）应用

（1）PLC 上电后的第一个扫描周期，定时器位为断开（OFF）状态，当前值保持断电之前的值。输入端每次接通时，当前值从上次的保持值继续计时，在当前值达到预置值时定时器位闭合（ON），当前值仍会连续计数。

（2）TONR 的定时器位一旦闭合，只能用复位指令 R 进行复位操作，同时清除当前值。

（3）在本例中，如附图 1-5 所示当前值最初为 0，每一次输入端 I0.0 闭合，当前值开始累计，输入端 I0.0 断开，当前值则保持不变。在输入端闭合时间累计到 10秒时，定时器位 T3 的位及当前值。

3. 断开延时定时器 TOF（Off. Delay Timer）

断开延时定时器用于输入端断开后单一时间间隔计时，其应用如附图 1-6所示。

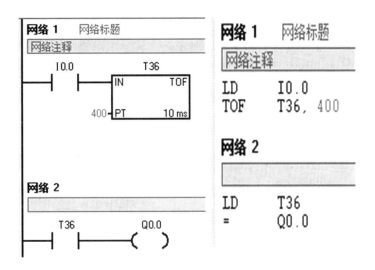

附图 1-6　延时定时器（TOF）应用

（1）PLC 上电后第一个扫描周期定时器位为断开（OFF）状态，当前值为 0。输入端闭合时，定时器位为 ON，当前值保持为 0。当输入端由闭合变为断开时，定时器开始计时。在当前值达到预置值时定时器位断开（OFF），同时停止计时。

（2）定时器动作后，若输入端由断开变为闭合时，TOF 定时器位及当前值复位；若输入端两次断开，定时器可以重新启动。

（3）在本例中，PLC 刚刚上电运行时，输入端 I0.0 没有闭合，定时器位 T36 为断开状态；I0.0 又断开变成闭合时，定时器位 T36 闭合，输入端 Q0.0 接通，定时器并不开始计时；I0.0 由闭合变为断开，定时器当前值开始累计时间，达到 5 秒时，定时器位 T36 断开，输出端 Q0.0 同时断开。

4. 定时器指令使用说明

（1）定时器精度高时（1ms），定时器范围较小（0~32.767s）；定时器范围大时（0~3276.7s），精度较低（100ms），所以应用时要恰当地使用不同精度等级的定时器，以适用于不同现场的要求。

（2）对于断开延时定时器（TOF），必须在输入端有一个负跳变，定时器才能启动计时。

（3）在程序中，既可以访问定时器位，又可以访问定时器当前值，但都是通过定时器编号 Tn 实现，使用位控制指令则访问定时器位，使用数据处理功能指令则访问当前值。

（4）定时器复位是其重新启动的先决条件，若希望定时器重复计时动作，一定要设计好定时器的复位动作。由于不同分辨率的定时器运行时当前值刷新方式不同，所以在使用方法，尤其是复位方式上也有不同。

1）1ms 定时器。1ms 定时器采用中断刷新方式，由系统每隔 1ms 刷新一次，与扫描周期和程序运行无关。在扫描周期大于 1ms 时，一个扫描周期中 1ms 定时器会被刷新多次，所以其当前值在一个扫描周期内会变化。

2）10ms 定时器。10ms 定时器由系统在每个扫描周期开始时刷新一次，其当前值在一个扫描周期内不变。

3）100ms 定时器。100ms 定时器是在程序运行过程中，定时器指令被执行时刷新，所以该定时器不能应用于一个扫描周期被多次运行或不是每个扫描周期都运行的场合，否则会造成定时器不准的情况。

正是由于不同精度定时器的刷新方式有区别，所以在定时器复位方式的选择上不能简单地使定时器本身闭合常闭触点。如附图 1-7 所示的程序，同样的程序内容，使用不同精度定时器，有些是正确的，有些是错误的。

在附图 1-7 中，若为 1ms 定时器，则附图 1-7（a）是错误的，只有在定时器当前值与预置值相等的那次刷新发生在定时器的常闭触点执行后到常开触点执行前的区间时，Q0.0 才能产生宽度为一个扫描周期的脉冲，而这种可能性极小。附图 1-7（b）是正确的。

若为 10ms 定时器，则附图 1-7（a）是错误的。因为该种定时器每次扫描开始时刷新当前值，所以 Q0.0 永远不可能 ON，因此也不会产生脉冲。若要产生脉冲则要使用附图 1-7（b）的程序。

若为 100ms 定时器，则附图 1-7（a）是正确的。在执行程序中的定时器指令时，当前值才被刷新，若该次刷新使当前值等于预置值，则定时器的常开触点闭合，Q0.0 接通。下一次扫描时，定时器又被常闭触点复位，常开触点断开，Q0.0 断开，由此产生宽度为一个扫描周期的脉冲。在使用附图 1-7（b）的程序时同样是正确的。

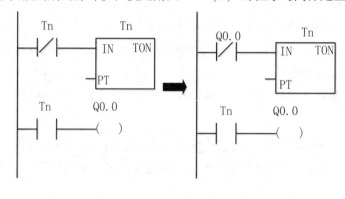

（a） （b）

附图 1-7 使用定时器指令时生成宽度为一个扫描周期的脉冲

三、辅助继电器指令

1. 通用辅助继电器（M）

通用辅助继电器又称内部标志位存储器，是 PLC 内部继电器，它类似于继电器控制电路中的中间继电器。与输入和输出继电器不同，通用辅助继电器既不能接收输入端子送来的信号，也不能驱动输出端子。通用辅助继电器表示符号为 M，其应用举例如附图 1-8 所示。

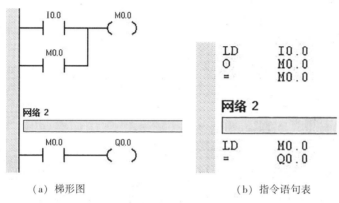

　　（a）梯形图　　　　　　　　　　　（b）指令语句表

附图 1-8　通用辅助继电器（M）应用举例

2. 特殊辅助继电器（SM）

特殊辅助继电器又称特殊标志位存储器，主要用来存储系统的状态和控制等信息，起到了 CPU 和用户程序之间交换信息的作用。部分特殊辅助继电器的功能如附表 1-4 所示。

附表 1-4　部分特殊辅助继电器（SM）的功能

特殊辅助继电器	功能
SM0.0	PLC 运行时这一位始终为 1，是常 ON 继电器
SM0.1	PLC 首次扫描循环时该位为 "ON"，用途之一是初始化程序
SM0.2	如果保留性数据丢失，该位为一次扫描循环打开。该位可用作错误内存位，或激活特殊启动顺序的机制
SM0.3	从电源开启到进入 RUN 模式，该位为一次扫描循环打开。该位可用于在启动操作之前提供机器预热时间
SM0.4	该位提供时钟脉冲，该脉冲在 1 分钟的周期时间内，OFF 30s，ON 30s。该位提供便于使用的延迟或 1 分钟时钟脉冲
SM0.5	该位提供时钟脉冲，该脉冲在 1 秒的周期时间内，OFF 0.5s，ON 0.5s。该位提供便于使用的延迟或 1 秒时钟脉冲

特殊辅助继电器	功能
SM0.6	该位是扫描循环时钟，本次扫描打开，下次扫描关闭。该位可用作扫描计数器输入
SM0.7	该位表示"模式"开关的当前位置（关闭 = "STOP"位置，打开 = "RUN"位置）。开关位于"RUN"位置时，可以使用该位启用自由端口模式，可使用转换至"终止"位置的方法重新启用带 PC/编程设备的正常通信
SM1.0	某些指令执行，使操作结果为 0 时，该位为"ON"
SM1.1	某些指令执行，出现溢出结果或检测到非法数字数值时，该位为"ON"
SM1.2	某些指令执行，数学操作产生负结果时，该位为"ON"
SM1.3	当尝试用零除时，该位置 1
SM1.4	当执行 ATT（Add To Table）指令时超出表的范围，该位置 1
SM1.5	执行 LIFO 或 FIFO 指令时，试图从空表读取数据，该位置 1
SM1.6	当把一个非 BCD 码数转换成二进数时，该位置 1
SM1.7	当 ASCII 码不能转换成有效的十六进制数时，该位置 1

四、计数器指令

计数器的功能是对输入脉冲计数。在实际应用中用来对产品进行计数或完成复杂的逻辑控制任务。计数器的使用和定时器基本相似，编程时输入它的计数设定值，计数器累计它的脉冲输入端信号上升沿的个数。当计数达到设定值时，计数器发生动作，以便完成计数控制任务。

S7-200 系列 PLC 有三种类型的计数器：增计数器（CTU）、减计数器（CTD）和增/减计数器（CTUD）。计数器的编号为 C0-C255，如附图 1-9 所示。

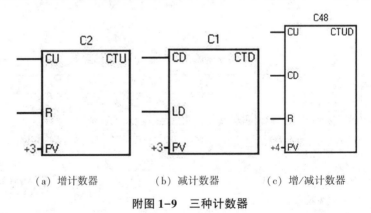

（a）增计数器　　　（b）减计数器　　　（c）增/减计数器

附图 1-9　三种计数器

1. 增计数器（CTU）

增计数器（CTU）的特点是：当 CTU 输入（CU）端有脉冲输入时开始计数，每来一个脉冲上升沿计数时加 1，当计数值达到设定值（PV）后状态置 1，然后继续计数直到最大值（32767）。如果 R 端有输入或对 CTU 执行复位指令，CTU 的状态变为 0，计数值清零。增计数器应用举例如附图 1-10 所示。

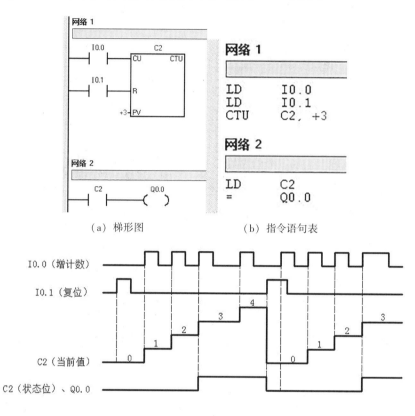

（a）梯形图　　　　　　　（b）指令语句表

（c）时序图

附图 1-10　增计数器（CTU）应用举例

说明：当 I0.1 触点闭合时，CTU 的 R（复位）端获得输入，CTU 的状态为 0，计数值也清零。当 I0.0 第一次由断开转为闭合时，CTU 的 CU 端输入一个脉冲上升沿，CTU 计数值增 1，计数值为 1，I0.0 由闭合转为断开时，CTU 计数值不变；当 I0.0 第二次由断开转为闭合时，CTU 计数值又增 1，计数值为 2；当 I0.0 第三次由断开转为闭合时，CTU 计数值再增 1，计数值为 3，达到设定值，CTU 的状态变为 1；当 I0.0 第四次由断开转为闭合时，CTU 计数值增 1，计数值为 4，CTU 的状态不变，仍为 1。如果这时 I0.1 闭合，CTU 的 R 端有输入，CTU 复位，状态变为 0，计数值也清零。CTU 复位后，若 CU 端输入脉冲，CTU 又开始计数。

在 C2（CTU）的状态为 1 时，C2 常开触点闭合，线圈 Q0.0 得电；C2 复位后，C2 触点断开，线圈 Q0.0 失电。

2. 减计数器（CTD）

减计数器（CTD）的特点是：当 CTD 的装载复位（LD）端有输入时，CTD 状态位为0,计数值为设定值,装载复位后,计数输入端(CD)每来一个脉冲上升沿计数值减1,当计数值减到0时,CTD的状态位变为1。减计数器应用举例如附图1-11所示。

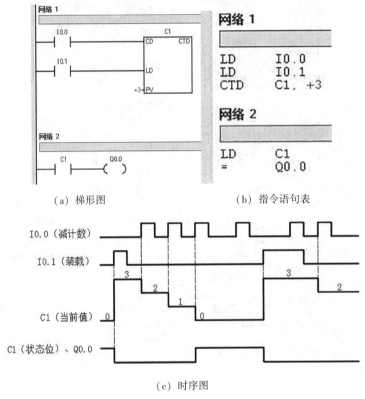

(a)梯形图　　　　　　　　　(b)指令语句表

(c)时序图

附图1-11　减计数器(CTD)应用举例

说明:当I0.1触点闭合时,CTD的LD端获得输入,CTD的状态为0,计数值变为设置值3。当I0.0第一次由断开转为闭合时,CTD的CD端输入一个脉冲上升沿,CTD计数值减1,计数值变为2,I0.0由闭合转为断开时,CTD计数值不变;当I0.0第二次由断开转为闭合时,CTD计数值又减1,计数值变为1;当I0.0第三次由断开转为闭合时,CTD计数值再减1,计数值为0,CTD的状态变为1;当I0.0第四次由断开转为闭合时,CTD的状态值(1)和计数值(0)不变。如果这时I0.1闭合,CTD的LD端有输入,CTD的计数值由0变为设定值,同时CTD状态变为0,在LD端输入期间,CD端输入无效。LD端输入切断后,若CD端输入脉冲,CTD又开始减计数。

在C1(CTD)的状态为1时,C1常开触点闭合,线圈Q0.0得电;C1装载复位后状态位为0,C1触点断开,线圈Q0.0失电。

3. 增/减计数器(CTUD)

增/减计数器(CTUD)的特点如下:

（1）当 CTUD 的复位（R）端输入脉冲时，CTUD 状态位、计数值均变为 0。

（2）在增计数时，增计数输入（CU）端每送入一个脉冲上升沿时计数值就增 1，CTUD 增计数的最大值为 32767，在达到最大值时再来一个脉冲上升沿，计数值会变为-32768。

（3）在减计数时，减计数输入（CD）端每送入一个脉冲上升沿时计数值就减 1，CTUD 减计数的最小值为-32768，在达到最小值时再来一个脉冲上升沿，计数值会变为 32767。

（4）不管是增计数还是减计数，只要计数值达到或大于设定值，CTUD 的状态位就变为 1。

增/减计数器应用举例如附图 1-12 所示。

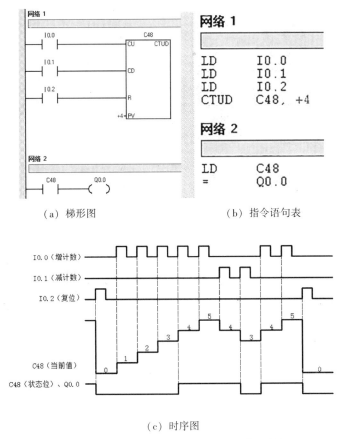

（a）梯形图　　　　　　　　（b）指令语句表

（c）时序图

附图 1-12　增/减计数器（CTUD）应用举例

说明：当 I0.2 触点闭合时，C48（CTUD）的 R 端获得输入，CTUD 的状态为 0，计数值也清零。

当 I0.0 第一次由断开转为闭合时，CTUD 计数值增 1，计数值为 1；当 I0.0 第二次由断开转为闭合时，CTUD 计数值又增 1，计数值为 2；当 I0.0 第三次由断开转为闭合时，CTUD 计数值再增 1，计数值为 3；当 I0.0 第四次由断开转为闭合时，CTUD 计数值再增 1，计数值为 4，达到计数设定值，CTUD 的状态变为 1；当 CU 端继续输入时，CTUD 计数值继续增大。如果 CU 端停止输入，而在 CD 端（减计数输入端）输入脉冲，每输入一个脉冲，CTUD 的计数值就减 1，当计数值减到小于设定值 4 时，CTUD 的状态变为 0，如果 CU 端又有脉冲输入，又会开始增计数，计数值达到设定值时，CTUD 的状态又变为 1。在增计数或减计数时，一旦 R 端有输入，CTUD 的状态和计数值都变为 0。

在 C48（CTUD）的状态为 1 时，C48 常开触点闭合，线圈 Q0.0 得电；C48 状态为 0 时，C48 触点断开，线圈 Q0.0 失电。

五、正/负转换指令

正转换触点指令（EU）：当该指令前面的逻辑运算结果有一个上升沿（0→1）时，会产生一个宽度为一个扫描周期的脉冲，驱动后面的输出线圈。

负转换触点指令（ED）：当该指令前面的逻辑运算结果有一个下降沿（1→0）时，会产生一个宽度为一个扫描周期的脉冲，驱动后面的输出线圈。

正/负转换指令应用举例如附图 1-13 所示。

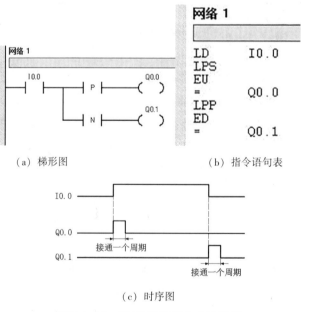

（a）梯形图　　　　　　　（b）指令语句表

（c）时序图

附图 1-13　正/负转换指令应用举例

六、顺序控制指令

顺序控制指令是 PLC 生产厂家为客户提供的面向功能流程图编辑的指令。功能流程图又称状态转移图，它是一种以"状态"、"转移"及有向线段等元素组成的表示系统功能的图形化方法。

状态是系统中一个相对不变的动作，系统的工作流程就是多个状态的组合。

转移是系统从一个状态到另一个状态的变化，该变化需要满足转移条件，称为转移使能。

S7-200 PLC 中的顺序控制指令包括顺序状态开始指令、顺序状态转移指令、顺序状态结束指令。下面分别对这三条指令的用法和编程进行介绍。

（一）指令介绍

1. 顺序状态开始指令相关说明

如附表 1-5 所示，操作数 S 也称状态，每一个 S 位都表示功能图中一种状态。S 的范围为 S0.0~S31.7。

附表 1-5　顺序状态开始指令相关说明

梯形图	??.? —[SCR]
语句表	SCR　n
功能	标记一个顺序控制（SCR）段的开始，当 n=1 时，允许该 SCR 段工作
输入	N
操作数	S
数据类型	BOOL

2. 顺序状态转移指令（见附表 1-6）

附表 1-6　顺序状态转移指令相关说明

梯形图	??.? —(SCRT)
语句表	SCRT　n
功能	标记一个顺序控制（SCR）段的转移。SCR 使能位（S 位）置位，以使下一个 SCR 段工作；另外又同时对本 SCR 使能位（S 位）置位，以使本 SCR 段停止工作

续表

输入	N
操作数	S
数据类型	BOOL

3. 顺序状态结束指令（见附表 1-7）

附表 1-7　顺序状态结束指令相关说明

梯形图	—(SCRE)
语句表	SCRE　n
功能	标记一个顺序控制（SCR）段的结束

4. 编程举例

当程序开始时进入 S0.1 状态，接通 Q0.1 后进入 S0.2 状态，程序结束，其梯形图和语句表如附图 1-14 所示。

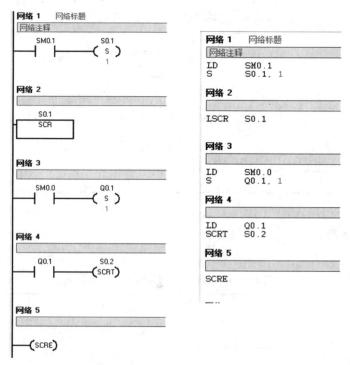

附图 1-14　顺序控制指令编程举例

程序说明：在该例中，初始化脉冲 SM0.1 用来置位 S0.1（状态 1），即把 S0.1（状态 1）激活；在状态 1 的 SCR 段要做的工作是置位 Q0.1，置位后，Q0.1 的常开触点将 S0.2（状态 2）激活，程序结束。

前面介绍了顺序控制指令的基本用法，实际应用中，顺序控制指令的用法非常灵活，根据控制状态转移的不同还可以进行不同的组合，下面介绍 PLC 顺序控制中的典型类型以及顺序控制指令的相应用法。

（二）顺序控制类型

顺序控制可根据状态转移的分支情况分为单流程、并行分支、选择性分支、合并分支四种类型，较复杂的顺序控制程序都可以分解这四种类型的组合，下面逐一进行介绍。

1. 单流程

单流程是最简单的顺序控制流程，其动作是一个接一个执行，每个状态仅连接一个转移，每个转移也仅连接一个状态，中间没有分支。这里考虑一个有三个步骤状态的循环进程，当第三个步骤完成时，返回第一个步骤，其循环进程及循环流程如附图 1-15 所示。

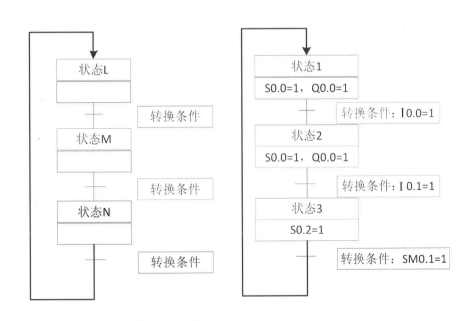

（a）单流程循环进程　　　　　　　（b）单流程循环流程

附图 1-15　单流程循环进程及流程

单流程顺序控制的编程梯形图和语句表如附图 1-16 所示。

程序说明：在该例中，初始化脉冲 SM0.1 用来置位 S0.0（状态 1），即把 S0.0（状态 1）激活；在 Q0.0 置位后，当 I0.0 接通时将 S0.1（状态 2）激活；在状态 2 的 SCR 段要做的工作是置位 Q0.1，置位后，当 I0.1 接通时将 S0.2（状态 3）激活，程序结束。

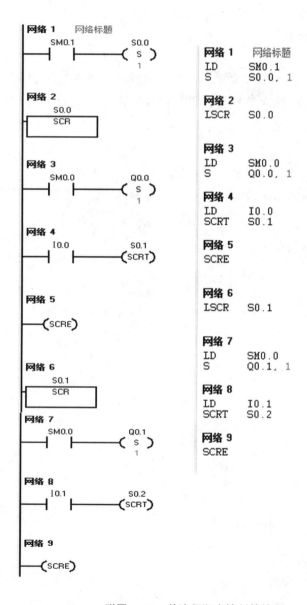

附图 1-16　单流程顺序控制的编程

2. 并行分支

在实际应用中，可能要将一个顺序控制状态流分成两个或多个不同分支控制状态流。当一个控制状态流分离成多个分支时，所有的分支控制状态流必须同时激活，并行分支控制如附图 1-17（a）所示。在同一个转移条件的允许下，使用多条 SCRT 指令可以在一段 SCR 程序中实现控制流分支。其流程图如附图 1-17（b）所示。

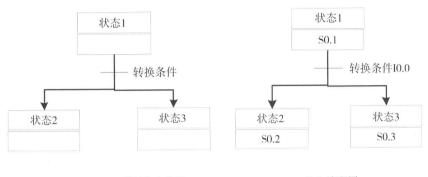

（a）并行分支控制　　　　　　　（b）流程图

附图 1-17　并行分支控制及流程

并行分支控制的编程梯形图和语句表如附图 1-18 所示。

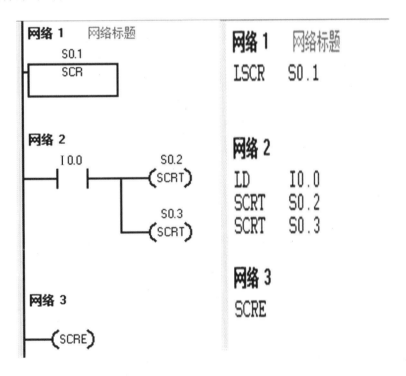

附图 1-18　并行分支控制的编程

3. 选择性分支

在某些情况下，一个控制流可能转入多个可能的控制流中的某一个，到底进入哪一个分支，取决于控制流前面的转移条件是否为真，选择性分支控制及其流程如附图 1-19 所示。

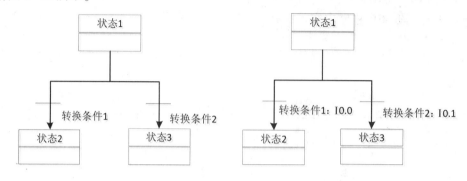

附图 **1-19** 选择性分支控制及流程

其梯形图和语句表如附图 1-20 所示。

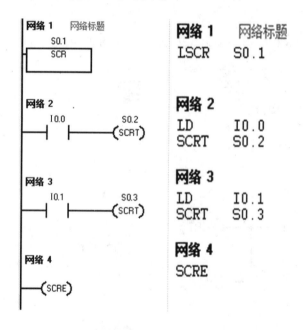

附图 **1-20** 选择性分支的编程

4. 合并分支

当多个控制流产生类似结果时，可以把这些控制流合并成一个控制流，称为控制状态流的合并。在合并控制流时，所有的控制流都必须是完成了的，才能执行下一个状态，合并分支控制如附图 1-21 所示，合并分支控制编程梯形图和语句表如附图 1-22 所示。

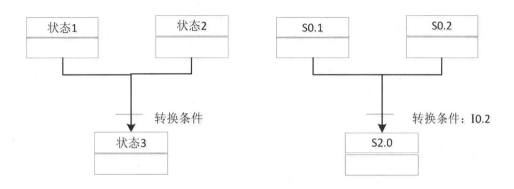

附图 1-21 合并分支控制及流程

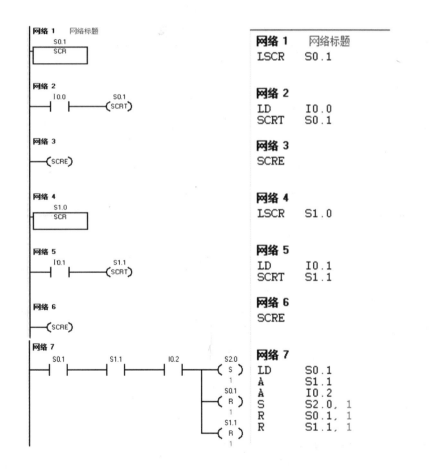

附图 1-22 合并分支控制编程

145

程序说明：在该例中当 I0.0 接通时将 S0.1（状态 2）激活；当 I0.1 接通时将 S1.1（状态 3）激活；当 S0.1 和 S1.1 两个程序段都执行完毕后且满足转移条件 I0.2 接通时，激活 S2.0（状态 4）并复位 S0.1（状态 2）和 S1.1（状态 3）。

七、移位和循环移位指令

数据移位指令是对数值的第一位进行左移和右移，从而实现数值变换。移位和循环移位指令均为无符号操作。

（一）SHRB 指令

1. SHRB 指令格式及操作数

指令的梯形图和指令表格式如附表 1-8 所示。SHRB 指令的操作数如附表 1-9 所示。

附表 1-8　指令的梯形图和指令表格式

名称	位移位寄存器
指令	SHRB
指令表格式	SHRB DATA, S_BIT, N
梯形图格式	

附表 1-9　SHRB 指令的操作数

指令	输入/输出	操作数	数据类型
SHRB	DATA/S_BIT	I、Q、M、SM、T、C、V、S、L	Bit/BYTE
	N	VB、IB、QB、MB、SMB、LB、SB、AC 常数、* VD、* AC、* LD	INT

2. 指令功能

SHRB 移位寄存器指令，S_BIT 和 N 共同确定要移位的寄存器，S_BIT 指定该寄存器的最低位，N 指定移位寄存器的长度，其最大长度为 64；N 值可正可负，用于决定移位的方向（正向移位 = N，反向移位 = -N）；DATA 端指定移入位的状态（0 或 1），它的输入应为位操作数。当 EN 端口执行条件存在时，每一个扫描周期 SHRB 指令使指定寄存器的内容移动一位，把 DATA 端指定移入寄存器，最高位则

146

移出到溢出位 SM1.1 中。

3. 指令应用举例

移位寄存器指令提供了一种排列和控制产品流的简单方法，非常实用。指令应用如附图 1-23 所示。

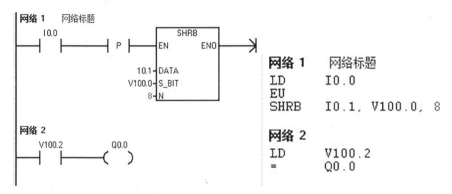

附图 1-23 SHRB 指令应用

（1）因为该指令在 EN 端口执行条件存在时，每一个扫描周期 SHRB 指令使指令寄存器的内容移动一位，所以在控制时需要增加一个正跳变指令，使其在 I0.0 每次闭合时只运行一个扫描周期，实现由外部输入控制移位的效果。

（2）数据输入端为 I0.1，移位时若 I0.1 为 1，则移入 1；若 I0.1 为 0，则移入 0。

（3）S_ BIT 和 N 共同确定的移位寄存器是 VB100，最低位为 V100.7，共 8 位。

（二）SRB、SLB、SRW、SLW、SRD 和 SLD 指令

1. 指令格式及操作数

指令的梯形图和指令表格式如附表 1-10 所示，操作数如附表 1-11 所示。

附表 1-10 SRB、SLB、SRW、SLW、SRD 和 SLD 指令的格式

名称	指令	指令格式	梯形图格式
字节右移位	SRB	SRB OUT, N	SHR_B EN ENO ???—IN OUT—???? ???—N

续表

名称	指令	指令格式	梯形图格式
字节左移位	SLB	SLB OUT，N	SHL_B —EN　ENO— ??–IN　OUT–???? ??–N
字右移位	SRW	SRW OUT，N	SHR_W —EN　ENO— ??–IN　OUT–???? ??–N
字左移位	SLW	SLW OUT，N	SHL_W —EN　ENO— ????–IN　OUT–???? ????–N
双字右移位	SRD	SRD OUT，N	SHR_DW —EN　ENO— ????–IN　OUT–???? ????–N
双字左移位	SLD	SLD OUT，N	SHL_DW —EN　ENO— ??–IN　OUT–???? ??–N

附表 1-11　SRB、SLB、SRW、SLW 指令的操作数

指令	输入/输出	操作数	数据类型
SRB SLB	IN	VB、IB、QB、MB、SMB、LB、SB、AC、常数、*VD、*AC、*LD	BYTE
	OUT	VB、IB、QB、MB、SMB、LB、SB、AC、*VD、*AC、*LD	BYTE
	N	VB、IB、QB、MB、SMB、LB、SB、AC、常数、*VD、*AC、*LD	BYTE

指令	输入/输出	操作数	数据类型
SRW SLW	IN	VW、IW、QW、MW、SW、SMW、LW、AIW、T、C、AC、常数、* VD、* AC、* LD	WORD
	OUT	VW、IW、QW、MW、SW、SMW、LW、T、C、AC、* VD、* AC、* LD	WORD
	N	VB、IB、QB、MB、SMB、LB、SB、AC、常数、* VD、* AC、* LD	BYTE
	IN	VD、ID、QD、MD、SMD、LD、SB、AC、HC、常数、* VD、* AC、* LD	DWORD
	OUT	VD、ID、QD、MD、SMD、LD、SB、AC、* VD、* AC、* LD	DWORD
	N	VB、IB、QB、MB、SMB、LB、SB、AC、常数、* VD、* AC、* LD	BYTE

2. 指令功能

SRB：字节右移位指令，当 EN 端口执行条件存在时，将 IN 端口指定的字节数据右移 N 位后，输出到 OUT 端口指定的字节单元。

SLB：字节左移位指令，当 EN 端口执行条件存在时，将 IN 端口指定的字节数据左移 N 位后，输出到 OUT 端口指定的字节单元。

SRW：字右移位指令，当 EN 端口执行条件存在时，将 IN 端口指定的字数据右移 N 位后，输出到 OUT 端口指定的字单元。

SLW：字左移位指令，当 EN 端口执行条件存在时，将 IN 端口指定的字数据左移 N 位后，输出到 OUT 端口指定的字单元。

SRD：双字右移位指令，当 EN 端口执行条件存在时，将 IN 端口指定的双字数据右移 N 位后，输出到 OUT 端口指定的双字单元。

SLD：双字左移位指令，当 EN 端口执行条件存在时，将 IN 端口指定的双字数据左移 N 位后，输出到 OUT 端口指定的双字单元。

3. 指令说明

（1）以上 6 条指令均为无符号操作。

（2）移位指令会对移出位自动补 0。对字节移位指令如果所需移位次数 N 大于或等于 8，则实际最大可移位数为 8；对字移位指令如果所需移位次数 N 大于 16，则实际最大可移位数为 16；对双字移位指令如果所需移位次数 N 大于 32，则实际最大可移位数为 32。

（3）如果所需移位数大于 0，则溢出位 SM1.1 中为最后一个移出的位值。

（4）如果移位操作结果是 0，则零存储器位 SM1.0 就置位为 1。

（三）RRB、RLB、RRW、RLW、RRD 和 RLD 指令

1. 指令格式及操作数

指令的梯形图和指令表格式如附表 1-12 所示。操作数如附表 1-13 所示。

附表 1-12   RRB、RLB、RRW、RLW、RRD 和 RLD 的格式

名称	指令	指令格式	梯形图格式
字节循环 右移位	RRB	RRB OUT, N	ROR_B EN ENO ????─IN OUT─???? ????─N
字节循环 左移位	RLB	RLB OUT, N	ROL_B EN ENO ????─IN OUT─???? ????─N
字循环 右移位	RRW	RRW OUT, N	ROR_W EN ENO ???─IN OUT─???? ???─N
字循环 左移位	RLW	RLW OUT, N	ROL_W EN ENO ????─IN OUT─???? ????─N
双字循环 右移位	RRD	RRD OUT, N	ROR_DW EN ENO ????─IN OUT─???? ????─N
双字循环 左移位	RLD	RLD OUT, N	ROL_DW EN ENO ????─IN OUT─???? ????─N

附表 1-13 **RRB、RLB、RRW、RLW、RRD 和 RLD 指令的操作数**

指令	输入/输出	操作数	数据类型
RRB RLB	IN	VB、IB、QB、MB、SMB、LB、SB、AC、常数、*VD、*AC、*LD	BYTE
	OUT	VB、IB、QB、MB、SMB、LB、SB、AC、*VD、*AC、*LD	BYTE
	N	VB、IB、QB、MB、SMB、LB、SB、AC、常数、*VD、*AC、*LD	BYTE
RRW RLW	IN	VW、IW、QW、MW、SW、SMW、LW、AIW、T、C、AC、常数、*VD、*AC、*LD	WORD
	OUT	VW、IW、QW、MW、SW、SMW、LW、T、C、AC、*VD、*AC、*LD	WORD
	N	VB、IB、QB、MB、SMB、LB、SB、AC、常数、*VD、*AC、*LD	BYTE
RRD RLD	IN	VD、ID、QD、MD、SMD、LD、SB、AC、HC、常数、*VD、*AC、*LD	DWORD
	OUT	VD、ID、QD、MD、SMD、LD、SD、AC、*VD、*AC、*LD	DWORD
	N	VB、IB、QB、MB、SMB、LB、SB、AC、常数、*VD、*AC、*LD	BYTE

2. 指令功能

循环移位指令将循环数据存储单元的移出端与另一端相连接，所以最后被移出的位被移出到另一端。同时移出端又与溢出位 SM1.1 相连接，所以移出位也进入了 SM1.1，溢出位 SM1.1 中始终存放最后一次被移出的位值。

RRB：字节循环右移位指令，当 EN 端口执行条件存在时，将 IN 端口指定的字节数据循环右移 N 位后，输出到 OUT 端口指定的字节单元。

RLB：字节循环左移位指令，当 EN 端口执行条件存在时，将 IN 端口指定的字节数据循环左移 N 位后，输出到 OUT 端口指定的字节单元。

RRW：字循环右移位指令，当 EN 端口执行条件存在时，将 IN 端口指定的字数据循环右移 N 位后，输出到 OUT 端口指定的字单元。

RLW：字循环左移位指令，当 EN 端口执行条件存在时，将 IN 端口指定的字数据循环左移 N 位后，输出到 OUT 端口指定的字单元。

RRD：双字循环右移位指令，当 EN 端口执行条件存在时，将 IN 端口指定的双字数据循环右移 N 位后，输出到 OUT 端口指定的双字单元。

RLD：双字循环左移位指令，当 EN 端口执行条件存在时，将 IN 端口指定的双字数据循环左移 N 位后，输出到 OUT 端口指定的双字单元。

3. 指令说明

（1）以上 6 条指令均为无符号操作。

（2）对字节循环移位指令如果设置移位次数 N 大于或等于 8，在循环移位前先对 N 取以 8 为底的模，其结果 0~7 为实际移动位数；对字循环移位指令如果设置移位次数 N 大于或等于 16，在循环移位前先对 N 取以 16 为底的模，其结果 0~15 为实际移动位数；对双字循环移位指令如果设置移位次数 N 大于或等于 32，在循环移位前先对 N 取以 32 为底的模，其结果 0~31 为实际移动位数。

（3）取模后结果为 0 则不执行循环移位，结果不为 0，则溢出位 SM1.1 中为最后一个移出的位值。

（4）如果移位操作结果是 0，则零存储器位 SM1.0 就置位为 1。

八、数据转换指令

转换指令是对操作数的类型进行转换，并输出到指定目标地址中去。转换指令包括数据类型转换指令、数据的编码和译码指令及字符串类型转换指令。

不同功能的指令对操作数要求不同。类型转换指令将固定的一个数据用到不同类型要求的指令中，包括字节与字整数之间转换、字整数与双字整数之间的转换、双字整数与实数之间的转换、BCD 码与整数之间的转换等。

1. 字节与字整数之间的转换

字节与字整数之间转换的指令格式及功能如附表 1-14 所示。

附表 1-14　字节与字整数之间转换的指令格式及功能

梯形图	$\begin{array}{c} \text{B\_I} \\ \text{EN} \quad \text{ENO} \\ \text{???-IN} \quad \text{OUT-????} \end{array}$	$\begin{array}{c} \text{I\_B} \\ \text{EN} \quad \text{ENO} \\ \text{???-IN} \quad \text{OUT-????} \end{array}$
指令格式	BTI IN, OUT	ITB IN, OUT
操作数	IN：VB、IB、QB、MB、SB、SMB、LB、AC、常数。数据类型：字节 OUT：VW、IW、QW、MW、SW、SMW、LW、T、C、AC。数据类型：整数	IN：VW、IW、QW、MW、SW、SMW、LW、T、C、AIW、AC。数据类型：整数 OUT：VB、IB、QB、MB、SB、SMB、LB、AC。数据类型：字节
功能	BTI 指令将字节数值（IN）转换成整数值，并将结果置入 OUT 指定的存储单元，因为字节不带符号，所以无符号扩展	ITB 指令将字整数（IN）转换成字节，并将结果置入 OUT 指定存储单元。输入的字整数 0~255 被转换。超出部分导致溢出，SM1.1＝1。输出不受影响

2. 字整数与双字整数之间的转换

字整数与双字整数之间转换的指令格式及功能如附表1-15所示。

附表1-15 字整数与双字整数之间转换的指令格式及功能

梯形图	I_DI EN ENO ????─IN OUT─????	DI_I EN ENO ????─IN OUT─????
指令格式	ITD IN, OUT	DTI IN, OUT
操作数	IN：VW、IW、QW、MW、SW、SMW、LW、T、C、AIW、AC、常数。数据类型：整数 OUT：VD、ID、QD、MD、SD、SMD、LD、AC。数据类型：双整数	IN：VD、ID、QD、MD、SD、SMD、LD、AC、常数。数据类型：双整数 OUT：VW、IW、QW、MW、SW、SMW、LW、T、C、AC。数据类型：整数
功能	ITD指令将整数值（IN）转换成双整数值，并将结果置入OUT指定的存储单元。符号被扩展	DTI指令将双整数值（IN）转换成整数值，并将结果置入OUT指定的存储单元。如果转换的数值过大，则无法在输出中表示，产生溢出SM1.1=1，输出不受影响

3. 双字整数与实数之间的转换

双字整数与实数之间转换的指令格式及功能如附表1-16所示。

附表1-16 双字整数与实数之间转换的指令格式及功能

梯形图	DI_R EN ENO ????─IN OUT─????	ROUND EN ENO ????─IN OUT─????	TRUNC EN ENO ????─IN OUT─????
指令格式	DTR IN, OUT	ROUND IN, OUT	TRUNC IN, OUT
操作数	IN：VD、ID、QD、MD、SD、SMD、LD、AC、HC、常数。数据类型：双整数 OUT：VD、ID、QD、MD、SD、SMD、LD、AC。数据类型：实数	IN：VD、ID、QD、MD、SD、SMD、LD、AC。数据类型：实数 OUT：VD、ID、QD、MD、SD、SMD、LD、AC。数据类型：双整数	IN：VD、ID、QD、MD、SD、SMD、LD、AC。数据类型：实数 OUT：VD、ID、QD、MD、SD、SMD、LD、AC。数据类型：双整数
功能	DIR指令将32位带符号整数IN转换成32位实数，并将结果置入OUT指定存储单元	ROUND指令按小数部分四舍五入的原则，将实数（IN）转换成双整数值，并将结果置入OUT指定的存储单元	TRUNC（截位取整）指令按将小数部分直接舍去原则，将32位双整数，并将结果置入OUT指定的存储单元

4. BCD 码与整数之间的转换

BCD 码与整数之间转换的指令格式及功能如附表 1-17 所示。

附表 1-17　BCD 码与整数之间转换的指令格式及功能

梯形图	BCD_I EN　　ENO ????-IN　　OUT-????	I_BCD EN　　ENO ????-IN　　OUT-????
指令格式	BCDI　OUT	IBCD　OUT
操作数	IN: VW、IW、QW、MW、SW、SMW、LW、T、C、AIW、AC、常数。数据类型: 字 OUT: VW、IW、QW、MW、SW、SMW、LW、T、C、AC。数据类型: 字	
功能	BCDI 指令将二进制编码的十进制数 IN 转换成整数, 并将结果送入 OUT 指定的存储单元。IN 的有效范围是 BCD 码 0~9999	IBCD 指令将输入整数 IN 转换成二进制编码的十进制数, 并将结果送入 OUT 指定存储单元。IN 的有效范围是 0~9999

在附表 1-17 中, 梯形图和语句表指令中, IN 和 OUT 的操作数地址相同。若 IN 和 OUT 操作数地址不是同一存储器, 对应的语句表指令为:

MOV　IN, OUT

BCDI　OUT

九、传送指令

传送指令的功能是在编程元件之间传送数据。传送指令可分为数据传送指令、数据块传送指令、字节立即读/写指令和字节交换指令。

1. 数据传送指令

数据传送指令是把输入端(IN)指定的数据传送到输出端(OUT), 在传送过程中数据值保持不变。

数据传送指令按操作数据的类型可分为字节传送指令、字传送指令、双字传送指令和实数传送指令。

数据传送指令的功能是在使能端 EN 有输入(即 EN=1)时, 将 IN 端指定单元中的数据送入 OUT 端指定的单元中。数据传送指令使用说明如附表 1-18 所示。

附表1-18　数据传送指令使用说明

名称	LAD	STL	输入数据 IN	输出数据 OUT
字节传送指令	MOV_B EN ENO ????—IN OUT—????	MOVB IN，OUT	VB、IB、QB、MB、SB、SMB、LB、AC、常数	VB、IB、QB、MB、SB、SMB、LB、AC
字传送指令	MOV_W EN ENO ????—IN OUT—????	MOVW IN，OUT	VW、IW、QW、MW、SW、SMW、LW、T、C、AQW、AC、常数	VW、IW、QW、MW、SW、SMW、LW、T、C、AQW、AC
双字传送指令	MOV_DW EN ENO ????—IN OUT—????	MOVD IN，OUT	VD、ID、QD、MD、SD、SMD、LD、HC、AC、常数	VD、ID、QD、MD、SD、SMD、LD、HC、AC
实数传送指令	MOV_R EN ENO ????—IN OUT—????	MOVR IN，OUT	VD、ID、QD、MD、SD、SMD、LD、AC、常数	VD、ID、QD、MD、SD、SMD、LD、AC

数据传送指令应用举例如附图1-24所示。

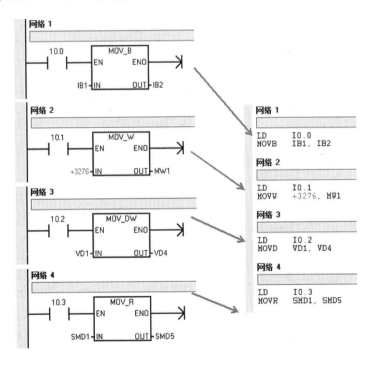

（a）梯形图　　　　　　　　　　（b）指令语句表

附图1-24　数据传送指令应用举例

155

说明：

当 I0.0 触点闭合时，字节传送指令（MOVB）将 IB1（I1.0~I1.7）中的数据传送到 IB2（I2.0~I2.7）中。

当 I0.1 触点闭合时，字传送指令（MOVW）将常数 3276 传送到内部标志位存储器 M1.0~M2.7（16 位）中。

当 I0.2 触点闭合时，双字传送指令（MOVD）将变量存储器 V1.0~V4.7（32 位）中的数据传送到 V4.0~V7.7（32 位）中。

当 I0.3 触点闭合时，实数传送指令（MOVR）将特殊标志位存储器 SM1.0~SM4.7（32 位）中的数据传送到 SM5.0~SM8.7（32 位）中。

2. 数据块传送指令

数据块传送指令是把从 IN 端指定地址的 N 个连续数据传送到从 OUT 端指定开始的 N 个连续单元中。N 为 1~255。

数据块传送指令按操作数据的类型可分为字节块传送指令（BMB）、字块传送指令（BMW）、双字块传送指令（BMD）。数据块传送指令使用说明如附表 1-19 所示。

附表 1-19   数据块传送指令使用说明

名称	LAD	STL	输入数据 IN	输出数据 OUT
字节块传送指令	BLKMOV_B EN ENO ????-IN OUT-???? ????-N	BMB IN, OUT	VB、IB、QB、MB、SB、SMB、LB	VB、IB、QB、MB、SB、SMB、LB
字块传送指令	BLKMOV_W EN ENO ????-IN OUT-???? ????-N	BMW IN, OUT	VW、IW、QW、MW、SW、SMW、LW、T、C、AQW	VW、IW、QW、MW、SW、SMW、LW、T、C、AQW
双字块传送指令	BLKMOV_D EN ENO ????-IN OUT-???? ????-N	BMD IN, OUT	VD、ID、QD、MD、SD、SMD、LD	VD、ID、QD、MD、SD、SMD、LD

数据块传送指令应用举例如附图 1-25 所示。

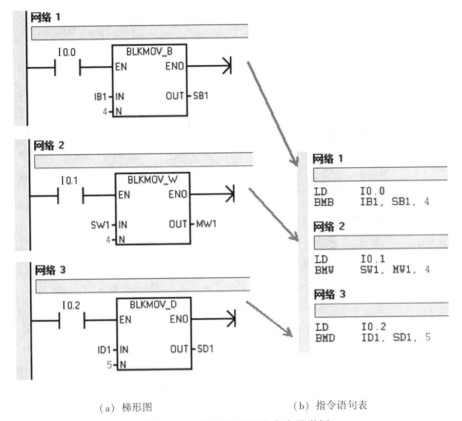

（a）梯形图　　　　　　　　（b）指令语句表

附图 1-25　数据块传送指令应用举例

说明：

当 I0.0 触点闭合时，字节块传送指令（BMB）将 I1.0~I4.7 中的数据传送到 S1.0~S4.7 中。

当 I0.1 触点闭合时，字块传送指令（BMW）将 S1.0~S8.7 中的数据传送到 M1.0~M8.7 中。

当 I0.2 触点闭合时，双字块传送指令（BMD）指令将 I1.0~I20.7 中的数据传送到 S1.0~S20.7 中。

3. 字节立即读/写指令

字节立即读/写指令的功能是在 EN 端（使能端）有输入时，在物理 I/O 端和存储器之间立即传送一个字节数据。字节立即读/写指令不能访问扩展模块。

字节立即读指令（MOV_ BIR）读取实际输入端（IN）给出的 1 字节的数值，并将结果写入 OUT 所指定的存储单元，但输入映像寄存器未更新。

字节立即写指定（MOV_ BIW）从输入（IN）指定的存储单元中读取 1 字节的数值并写入（以字节为单位）实际输出（OUT）端的物理输出点，同时刷新对应的输出映像寄存器。

字节立即读/写指令使用说明如附表 1-20 所示。

附表 1-20 字节立即读/写指令使用说明

名称	LAD	STL	输入数据 IN	输出数据 OUT
字节立即读指令	MOV_BIR EN　ENO ????-IN　OUT-????	BIR　IN, OUT	IB	VB、IB、QB、MB、SB、SMB、LB、AC
字节立即写指令	MOV_BIW EN　ENO ????-IN　OUT-????	BIW　IN, OUT	VB、IB、QB、MB、SB、SMB、LB、AC、常数	QB

字节立即读/写指令应用举例如附图 1-26 所示。

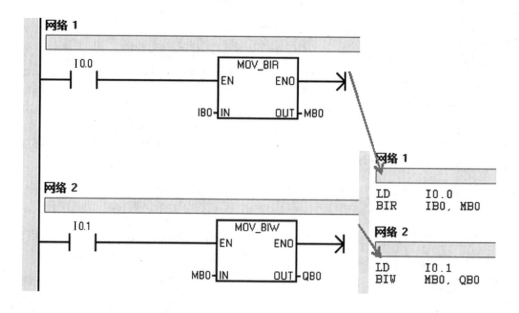

（a）梯形图　　　　　　　　　　　　　（b）指令语句表

附图 1-26 字节立即读/写指令应用举例

说明：

当 I0.0 触点闭合时，将 IB0（I0.0 ~ I0.7）端子输入值立即送入 MB0（M0.0 ~ M0.7）单元中，IB0 输入继电器中的数据不会被刷新。

当 I0.1 触点闭合时，将 MB0 单元中的数据立即送到 QB0（Q0.0~Q0.7）端子，同时刷新输出继电器 QB0 中的数据。

4. 字节交换指令

字节交换指令（SWAP）是将输入字 IN 的最高位字节（高 8 位）与最低位字节（低 8 位）进行互换，交换结果仍存放在输入端（IN）指定的地址中。字节交换指令使用说明如附表 1-21 所示。

附表 1-21   字节交换指令使用说明

名称	LAD	STL	输入数据 IN
字节交换指令	SWAP EN ENO ????—IN	SWAP IN	VW、IW、QW、MW、SW、SMW、LW、T、C、AC

字节交换指令应用举例如附图 1-27 所示。

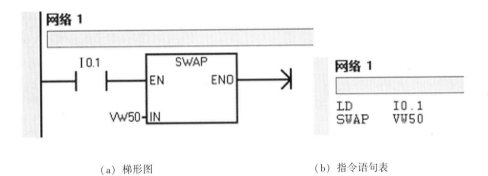

（a）梯形图   （b）指令语句表

附图 1-27   字节交换指令应用举例

说明：

程序执行结果：假设指令执行之前 VW50 中的字为 3658H，那么指令执行之后 VW50 中的字变为 5836H。

十、数学运算指令

数学运算指令包括加法指令、减法指令、乘法指令、除法指令、增加指令和减少指令以及常用的数学函数指令（平方根指令、正弦指令、余弦指令、正切指令、自然对数指令、自然指数指令）。

1. 加法指令（ADD）

加法指令（ADD）是对两个有符号数 IN1 和 IN2 进行相加操作，产生的结果输出到 OUT 端，包括整数加法指令（+I）、双整数加法指令（+DI）和实数加法指令（+R）。其使用说明如附表 1-22 所示。

附表 1-22　加法指令使用说明

名称	LAD	STL	功能说明
整数加法指令	ADD_I EN ENO ????-IN1 OUT-???? ????-IN2	MOVW IN1，OUT +I IN2，OUT	将 IN1 端指定单元的整数与 IN2 端指定单元的整数相加，结果存入 OUT 端指定的单元中，即 IN1+IN2＝OUT
双整数加法指令	ADD_DI EN ENO ????-IN1 OUT-???? ????-IN2	MOVW IN1，OUT +D IN2，OUT	将 IN1 端指定单元的双整数与 IN2 端指定单元的双整数相加，结果存入 OUT 端指定的单元中，即 IN1+IN2＝OUT
实数加法指令	ADD_R EN ENO ????-IN1 OUT-???? ????-IN2	MOVW IN1，OUT +R IN2，OUT	将 IN1 端指定单元的实数与 IN2 端指定单元的实数相加，结果存入 OUT 端指定的单元中，即 IN1+IN2＝OUT

2. 减法指令（SUB）

减法指令（SUB）是对两个有符号数 IN1 和 IN2 进行相减操作，产生的结果输出到 OUT 端，包括整数减法指令（-I）、双整数减法指令（-DI）和实数减法指令（-R）。其使用说明如附表 1-23 所示。

附表 1-23　减法指令使用说明

名称	LAD	STL	功能说明
整数减法指令	SUB_I EN ENO ????-IN1 OUT-???? ????-IN2	MOVW IN1，OUT -I IN2，OUT	将 IN1 端指定单元的整数与 IN2 端指定单元的整数相减，结果存入 OUT 端指定的单元中，即 IN1-IN2＝OUT

续表

名称	LAD	STL	功能说明
双整数减法指令	SUB_DI EN　ENO ????-IN1　OUT-???? ????-IN2	MOVW　IN1，OUT -D　IN2，OUT	将 IN1 端指定单元的双整数与 IN2 端指定单元的双整数相减，结果存入 OUT 端指定的单元中，即 IN1-IN2=OUT
实数减法指令	SUB_R EN　ENO ????-IN1　OUT-???? ????-IN2	MOVW　IN1，OUT -R　IN2，OUT	将 IN1 端指定单元的实数与 IN2 端指定单元的实数相减，结果存入 OUT 端指定的单元中，即 IN1-IN2=OUT

3. 乘法指令（MUL）

乘法指令（MUL）是对两个带符号数 IN1 和 IN2 进行相乘操作，产生的结果输出到 OUT 端，包括完全整数乘法指令（MUL）、整数乘法指令（ *I）、双整数乘法指令（ *DI）和实数乘法指令（ *R）。其使用说明如附表 1-24 所示。

附表 1-24　乘法指令使用说明

名称	LAD	STL	功能说明
完全整数乘法指令	MUL EN　ENO ????-IN1　OUT-???? ????-IN2	MOVW　IN1，OUT MUL　IN2，OUT	将 IN1 端指定单元的整数与 IN2 端指定单元的整数相乘，结果存入 OUT 端指定的单元中，即：IN1×IN2=OUT 完全整数乘法指令是将两个有符号整数（16 位）相乘，产生一个 32 位双整数存入 OUT 单元中，因此 IN 端操作数类型为字型，OUT 端的操作数类型为双字型
整数乘法指令	MUL_I EN　ENO ????-IN1　OUT-???? ????-IN2	MOVW　IN1，OUT *I　IN2，OUT	将 IN1 端指定单元的整数与 IN2 端指定单元的整数相乘，结果存入 OUT 端指定的单元中，即 IN1×IN2=OUT
双整数乘法指令	MUL_DI EN　ENO ????-IN1　OUT-???? ????-IN2	MOVW　IN1，OUT *DI　IN2，OUT	将 IN1 端指定单元的双整数与 IN2 端指定单元的双整数相乘，结果存入 OUT 端指定的单元中，即 IN1×IN2=OUT

续表

名称	LAD	STL	功能说明
实数乘法指令	MUL_R EN　ENO ????—IN1　OUT—???? ????—IN2	MOVW　IN1, OUT *R　　IN2, OUT	将 IN1 端指定单元的实数与 IN2 端指定单元的实数相乘, 结果存入 OUT 端指定的单元中, 即 IN1×IN2＝OUT

4. 除法指令 (DIV)

除法指令 (DIV) 是对两个带符号数 IN1 和 IN2 进行相除操作, 产生的结果输出到 OUT 端, 包括完全整数除法指令 (DIV)、整数除法指令 (/I)、双整数除法指令 (/DI) 和实数除法指令 (/R)。其使用说明如附表 1-25 所示。

附表 1-25　除法指令使用说明

名称	LAD	STL	功能说明
完全整数 除法指令	DIV EN　ENO ????—IN1　OUT—???? ????—IN2	MOVW　IN1, OUT DIV　　IN2, OUT	将 IN1 端指定单元的整数与 IN2 端指定单元的整数相除, 结果存入 OUT 端指定的单元中, 即 IN1×IN2＝OUT 完全整数除法指令是将两个 16 位整数相除, 得到一个 32 位的结果, 其中低 16 位为商, 高 16 位为余数。因此 IN 端操作数类型为字型, OUT 端的操作数类型为双字型
整数除法指令	DIV_I EN　ENO ????—IN1　OUT—???? ????—IN2	MOVW　IN1, OUT /I　　IN2, OUT	将 IN1 端指定单元的整数与 IN2 端指定单元的整数相除, 结果存入 OUT 端指定的单元中, 即 IN1×IN2＝OUT
双整数 除法指令	DIV_DI EN　ENO ????—IN1　OUT—???? ????—IN2	MOVW　IN1, OUT /DI　　IN2, OUT	将 IN1 端指定单元的双整数与 IN2 端指定单元的双整数相除, 结果存入 OUT 端指定的单元中, 即 IN1×IN2＝OUT
实数除法指令	DIV_R EN　ENO ????—IN1　OUT—???? ????—IN2	MOVW　IN1, OUT /R　　IN2, OUT	将 IN1 端指定单元的实数与 IN2 端指定单元的实数相除, 结果存入 OUT 端指定的单元中, 即 IN1×IN2＝OUT

5. 增加指令

增加指令的功能是将 IN 端指定单元的数加 1 后存入 OUT 端指定的单元中，包括字节增加指令、字增加指令、双字增加指令。其使用说明如附表 1-26 所示。

附表 1-26　增加指令使用说明

名称	LAD	STL	功能说明
字节增加指令	INC_B EN　　ENO ????－IN　　OUT－????	INCB　OUT	将 IN1 端指定字节单元的数加 1，结果存入 OUT 端指定的单元中，即 IN+1＝OUT 如果 IN、OUT 操作数相同，则 IN 加 1
字增加指令	INC_W EN　　ENO ????－IN　　OUT－????	INCW　OUT	将 IN1 端指定字单元的数加 1，结果存入 OUT 端指定的单元中，即 IN+1＝OUT
双字增加指令	INC_DW EN　　ENO ????－IN　　OUT－????	INCD　OUT	将 IN1 端指定双字单元的数加 1，结果存入 OUT 端指定的单元中，即 IN+1＝OUT

6. 减少指令

减少指令的功能是将 IN 端指定单元的数减 1 后存入 OUT 端指定的单元中，包括字节减少指令、字减少指令、双字减少指令。其使用说明如附表 1-27 所示。

附表 1-27　减少指令使用说明

名称	LAD	STL	功能说明
字节减少指令	DEC_B EN　　ENO ????－IN　　OUT－????	DECB　OUT	将 IN1 端指定字节单元的数减 1，结果存入 OUT 端指定的单元中，即 IN−1＝OUT 如果 IN、OUT 操作数相同，则 IN 减 1
字减少指令	DEC_W EN　　ENO ????－IN　　OUT－????	DECW　OUT	将 IN1 端指定字单元的数减 1，结果存入 OUT 端指定的单元中，即 IN−1＝OUT
双字减少指令	DEC_DW EN　　ENO ????－IN　　OUT－????	DECD　OUT	将 IN1 端指定双字单元的数减 1，结果存入 OUT 端指定的单元中，即 IN−1＝OUT

7. 常用的数学函数指令

常用的数学函数指令包括平方根指令、正弦指令、余弦指令、正切指令、自然对数指令、自然指数指令等。其使用说明如附表 1-28 所示。

附表 1-28 常用的数学函数指令使用说明

名称	LAD	STL	功能说明
平方根指令	SQRT EN ENO ????-IN OUT-????	SQRT IN, OUT	将 IN 端指定单元的实数（即浮点数）取平方根，结果存入 OUT 端指定的单元中，即 SQPT (IN) = OUT
正弦指令	SIN EN ENO ????-IN OUT-????	SIN IN, OUT	将 IN 端指定单元的实数取正弦，结果存入 OUT 端指定的单元中，即 SIN (IN) = OUT
余弦指令	COS EN ENO ????-IN OUT-????	COS IN, OUT	将 IN 端指定单元的实数取余弦，结果存入 OUT 端指定的单元中，即 COS (IN) = OUT
正切指令	TAN EN ENO ????-IN OUT-????	TAN IN, OUT	将 IN 端指定单元的实数取正切，结果存入 OUT 端指定的单元中，即 TAN (IN) = OUT 正弦、余弦、正切的 IN 值要以弧度为单位，在求角度的三角函数时，要先将角度值乘以 $\pi/180$（即 0.01745329）转换成弧度值，再存入 IN，然后用指令求 OUT
自然对数指令	LN EN ENO ????-IN OUT-????	LN IN, OUT	将 IN 端指定单元的实数取自然对数，结果存入 OUT 端指定的单元中，即 LN (IN) = OUT
自然指数指令	EXP EN ENO ????-IN OUT-????	EXP IN, OUT	将 IN 端指定单元的实数取自然指数值，结果存入 OUT 端指定的单元中，即 EXP (IN) = OUT

十一、逻辑运算指令

逻辑运算指令是对无符号数按位进行逻辑"取反"、"与"、"或"、"异或"等操作，参与运算的操作数可以是字节、字或双字。

逻辑运算指令包括取反指令（INV）、与指令（WAND）、或指令（WOR）、异或指令（WXOR）。

1. 取反指令（INV）

取反指令（INV）的功能是将 IN 端指定单元的数据逐位取反，结果存入 OUT 端指定的单元中。

取反指令包括字节取反指令、字取反指令、双字取反指令。其使用说明如附表 1-29 所示。

附表 1-29　取反指令使用说明

名称	LAD	STL	功能说明
字节取反指令	INV_B EN ENO ????-IN OUT-????	INVB OUT	将 IN 端指定字节单元中的数据逐位取反，结果存入 OUT 端指定的单元中
字取反指令	INV_W EN ENO ????-IN OUT-????	INVW OUT	将 IN 端指定字单元中的数据逐位取反，结果存入 OUT 端指定的单元中
双字取反指令	INV_DW EN ENO ????-IN OUT-????	INVD OUT	将 IN 端指定双字单元中的数据逐位取反，结果存入 OUT 端指定的单元中

2. 与指令（WAND）

与指令（WAND）是对两个输入数据 IN1、IN2 按位进行"与"操作，结果存入 OUT 端指定的单元中。运算时，若两个操作数的同一位都为 1，则该位逻辑结果为 1。

与指令包括字节与指令、字与指令、双字与指令。其使用说明见附表 1-30 所示。

附表 1-30　与指令使用说明

名称	LAD	STL	功能说明
字节与指令	WAND_B EN　ENO ????-IN1　OUT-???? ????-IN2	ANDB　OUT	将 IN1、IN2 端指定字节单元中的数据按位相与，结果存入 OUT 端指定的单元中
字与指令	WAND_W EN　ENO ????-IN1　OUT-???? ????-IN2	ANDW　OUT	将 IN1、IN2 端指定字单元中的数据按位相与，结果存入 OUT 端指定的单元中
双字与指令	WAND_DW EN　ENO ????-IN1　OUT-???? ????-IN2	ANDD　OUT	将 IN1、IN2 端指定双字单元中的数据按位相与，结果存入 OUT 端指定的单元中

3. 或指令（WOR）

或指令（WOR）是对两个输入数据 IN1、IN2 按位进行"或"操作，结果存入 OUT 端指定的单元中。运算时，只需两个操作数的同一位中有一位为 1，则该位逻辑结果为 1。

或指令包括字节或指令、字或指令、双字或指令。其使用说明如附表 1-31 所示。

附表 1-31　或指令使用说明

名称	LAD	STL	功能说明
字节或指令	WOR_B EN　ENO ????-IN1　OUT-???? ????-IN2	ORB　OUT	将 IN1、IN2 端指定字节单元中的数据按位相或，结果存入 OUT 端指定的单元中
字或指令	WOR_W EN　ENO ????-IN1　OUT-???? ????-IN2	ORW　OUT	将 IN1、IN2 端指定字单元中的数据按位相或，结果存入 OUT 端指定的单元中
双字或指令	WOR_DW EN　ENO ????-IN1　OUT-???? ????-IN2	ORD　OUT	将 IN1、IN2 端指定双字单元中的数据按位相或，结果存入 OUT 端指定的单元中

4. 异或指令（WXOR）

异或指令（WXOR）是对两个输入数据 IN1、IN2 按位进行"异或"操作，结果存入 OUT 端指定的单元中。运算时，如果两个操作数的同一位不相同，则该位逻辑结果为 1。

异或指令包括字节异或指令、字异或指令、双字异或指令。其使用说明如附表 1-32 所示。

附表 1-32　异或指令使用说明

名称	LAD	STL	功能说明
字节异或指令	WXOR_B EN　ENO ????-IN1　OUT-???? ????-IN2	XORB　OUT	将 IN1、IN2 端指定字节单元中的数据按位相异或，结果存入 OUT 端指定的单元中
字异或指令	WXOR_W EN　ENO ????-IN1　OUT-???? ????-IN2	XORW　OUT	将 IN1、IN2 端指定字单元中的数据按位相异或，结果存入 OUT 端指定的单元中
双字异或指令	WXOR_DW EN　ENO ????-IN1　OUT-???? ????-IN2	XORD　OUT	将 IN1、IN2 端指定双字单元中的数据按位相异或，结果存入 OUT 端指定的单元中

十二、数据比较指令

在实际的控制过程中，可能需要对两个操作数进行比较，比较条件成立时完成某种操作，从而实现某种控制。如初始化程序中，在 VW10 中存放数据 100，模拟量输入 AIW0 中采集现场数据。当 AIW0 中数值小于或等于 VW10 中数值时，Q0.0 输出；当 AIW0 中数值大于 VW10 中数值时，Q0.1 输出。如何操作？这就要用到数据比较指令。

1. 数据比较指令介绍

数据比较指令是将两个操作数（数值及字符串）按指定的条件进行比较，操作数可以是整数，也可以是实数，在梯形图中用带参数和运算符的触点表示比较指令。比较触点可以装入，也可以串/并联。比较指令为上下限控制及数值条件判断提供了极大的方便。

比较指令类型有：字节比较、字整数比较、双字整数比较、实数比较和字符串比较。

比较指令的格式及功能如附表 1-33 所示，比较指令的方式如附表 1-34 所示。

附表 1-33　比较指令的格式及功能

梯形图程序	语句表程序	指令功能
IN1 ——==B—— IN2	LDB = IN1，IN2（与母线相连） AB = IN1，IN2（与运算） OB = IN1，IN2（或运算）	字节比较指令：用于比较两个无符号字节数大小
IN1 ——==I—— IN2	LDW = IN1，IN2（与母线相连） AW = IN1，IN2（与运算） OW = IN1，IN2（或运算）	字整数比较指令：用于比较两个有符号整数的大小
IN1 ——==D—— IN2	LDD = IN1，IN2（与母线相连） AD = IN1，IN2（与运算） OD = IN1，IN2（或运算）	双字整数比较指令：用于比较两个有符号双字整数大小
IN1 ——==R—— IN2	LDR = IN1，IN2（与母线相连） AR = IN1，IN2（与运算） OR = IN1，IN2（或运算）	实数比较指令：用于比较两个有符号实数大小
IN1 ——==S—— IN2	LDS = IN1，IN2（与母线相连） AS = IN1，IN2（与运算） OS = IN1，IN2（或运算）	字符串比较指令：用于比较两个字符串的 ASCII 码字符是否相等

使用说明：

（1）数据比较运算符有 = 、< 、<= 、> 、>= 和<>六种指令格式，字符比较运算符只有 = 和<>两种指令格式。

（2）字整数比较指令，梯形图是 I，语句是 W。

（3）数据比较 IN1、IN2 操作数的寻址范围为 I、Q、M、SM、V、S、L、AC、VD、LD 和常数。

附表 1-34 比较指令的方式

形式	方式				
	字节比较	字整数比较	双字整数比较	实数比较	字符串比较
LAD	IN1 ==B IN2	IN1 ==I IN2	IN1 ==D IN2	IN1 ==R IN2	IN1 ==S IN2
STL	LDB=IN1，IN2 AB=IN1，IN2 OB=IN1，IN2 LDB<>IN1，IN2 AB<>IN1，IN2 OB<>IN1，IN2 LDB<IN1，IN2 AB<IN1，IN2 OB<IN1，IN2 LDB<=IN1，IN2 AB<=IN1，IN2 OB<=IN1，IN2 LDB>IN1，IN2 AB>IN1，IN2 OB>IN1，IN2 LDB>=IN1，IN2 AB>=IN1，IN2 OB>=IN1，IN2	LDW=IN1，IN2 AW=IN1，IN2 OW=IN1，IN2 LDW<>IN1，IN2 AW<>IN1，IN2 OW<>IN1，IN2 LDW<IN1，IN2 AW<IN1，IN2 OW<IN1，IN2 LDW<=IN1，IN2 AW<=IN1，IN2 OW<=IN1，IN2 LDW>IN1，IN2 AW>IN1，IN2 OW>IN1，IN2 LDW>=IN1，IN2 AW>=IN1，IN2 OW>=IN1，IN2	LDD=IN1，IN2 AD=IN1，IN2 OD=IN1，IN2 LDD<>IN1，IN2 AD<>IN1，IN2 OD<>IN1，IN2 LDD<IN1，IN2 AD<IN1，IN2 OD<IN1，IN2 LDD<=IN1，IN2 AD<=IN1，IN2 OD<=IN1，IN2 LDD>IN1，IN2 AD>IN1，IN2 OD>IN1，IN2 LDD>=IN1，IN2 AD>=IN1，IN2 OD>=IN1，IN2	LDR=IN1，IN2 AR=IN1，IN2 OR=IN1，IN2 LDR<>IN1，IN2 AR<>IN1，IN2 OR<>IN1，IN2 LDR<IN1，IN2 AR<IN1，IN2 OR<IN1，IN2 LDR<=IN1，IN2 AR<=IN1，IN2 OR<=IN1，IN2 LDR>IN1，IN2 AR>IN1，IN2 OR>IN1，IN2 LDR>=IN1，IN2 AR>=IN1，IN2 OR>=IN1，IN2	LDS=IN1，IN2 AS=IN1，IN2 OS=IN1，IN2 LDS<>IN1，IN2
IN1 和 IN2 寻址范围	IB、QB、MB、SMB、SB、LB、AC、*VD、*AC、*LD、常数	IW、QW、MW、SMW、SW、LW、AC、*VD、*AC、*LD、常数	ID、QD、MD、SMD、SD、LD、AC、*VD、*AC、*LD、常数	ID、QD、MD、SMD、SD、LD、AC、*VD、*AC、*LD、常数	（字符）VB、LB、*VB、*LD、常数

字节比较用于比较两个字节型整数值 IN1 和 IN2 的大小，字节比较是无符号的，整数比较用于比较两个一个字长的整数值 IN1 和 IN2 的大小，整数比较是有符号的，其范围是 16#80000000~16#7FFFFFFF。

实数比较用于比较两个双字整数值 IN1 和 IN2 的大小。实数比较也是有符号的，其范围为 -1.174494E-38 ~ -3.402823E+38，正实数范围 +1.174494E-38 ~ 3.402823E+38。

字符串比较用于比较两个字符串数据是否相同，字符串的长度不能超过 244 个字符。

2. 数据比较指令梯形图程序

前述初始化程序中的数据比较，也可以通过附图 1-28 中的梯形图来完成。

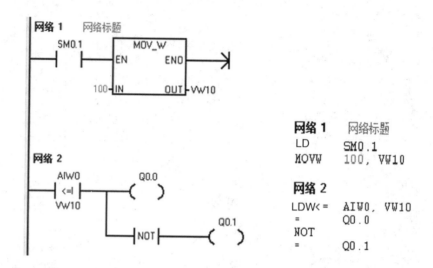

附图 1-28　数据比较梯形图程序

AIW0 数值小于等于 VW10 时，Q0.0 输出。AIW0 数值大于 VW10 时，Q0.1 输出。

3. 其他几种数据比较指令的编辑举例

其他几种数据比较指令的编辑举例如附表 1-35 所示。

附表 1-35　其他几种数据比较指令的编程举例

程序	说明
IB0 <=B MB1　Q0.0 (S) 1	当 IB0 的数据小于等于 MB1 中数据时，使 Q0.0 置位
MW10 <>I VW10　M0.0 (R) 1	当 MW10 中的数据不等于 VW10 中数据时，使 M0.0 复位
QD0 >=D MD10　M0.0 (R) 1	当 QD0 中的数据大于等于 MD10 中数据时，使 M0.0 复位

程序	说明
MD10 <R AC0　　M0.0 (R) 1	当 MD10 的数据小于 AC0 中数据时，使 M0.0 复位
VB0 <>S VB10　　M0.0 (R) 1	当 VB0 的字符串不等于 VB10 中字符串时，使 M0.0 复位

注：在尝试使用比较指令之前，要给响应的变量赋值。

4. 数据比较的应用实例

（1）实例1：用定时器和数据比较指令组成占空比可调的脉冲时钟。

M0.0 和 100ms 定时器 T37 组成脉冲发生器，数据比较指令用于产生宽度可调的方波，脉宽的调整由数据比较指令的第二操作数实现。其梯形图程序和脉冲波形如附图 1-29 所示。

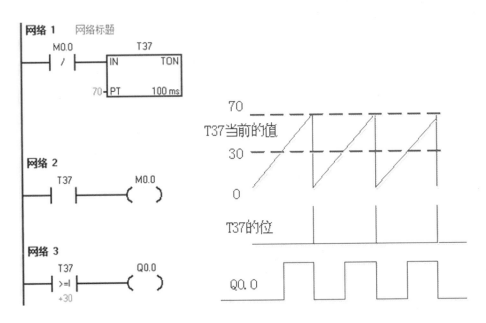

附图 1-29　占空比可调脉冲发生器

（2）实例2：模拟调整电位器的应用梯形图程序。

调整模拟调整电位器0，改变 SMB28 字节数值。实现：当 SMB28 数值小于或等于 50 时，Q0.0 输出；当 SMB28 数值在 50 和 150 之间时，Q0.1 输出；当 SMB28 数值大于 150 时，Q0.2 输出。其梯形图程序如附图 1-30 所示。

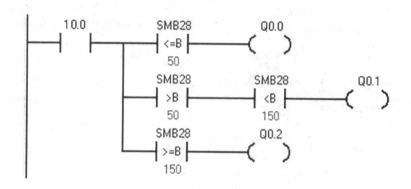

附图 1-30　调整模拟调整电位器 0 的梯形图程序

十三、时钟指令

时钟指令用来读取或设定系统的日期和时间。利用时钟指令可以实现调用系统实时时钟，这对于实现控制系统的运行监视、运行记录等十分方便。

S7-200 系列 PLC 中，CPU221 和 CPU222 安装时钟卡，CPU224 和 CPU226 有内置时钟。内置时钟的时钟指令有 8 字节的时钟缓冲区，其格式如附表 1-36 所示。

附表 1-36　时钟缓冲区格式

字节	T	T+1	T+2	T+3	T+4	T+5	T+6	T+7
含义	年	月	日	小时	分钟	秒	保留	星期
范围	00~99	01~13	01~23	00~23	00~59	00~59	00	0~7

注：①所有日期和时间值都必须采用 BCD 格式编码。②表示年份时，只用最低两位数，如 2002 年表示为 16#02。③表示星期时，16#1＝星期六。16#0 禁止星期表示法。

1. 读取实时时钟指令

读取实时时钟指令的梯形图如附图 1-31 所示。

T 为时钟缓冲区的首选地址，寻址范围为 VB、IB、QB、MB、SMB、SB、LB、*VD、*LD 和 *AC。

读取实时时钟指令可用来读取实时时钟。当 EN 输入有效时间时，读取系统当前时间和日期，

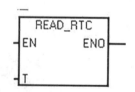

附图 1-31　读取实时时钟指令

并把它装入以 T 为起始字节地址的 8 字节缓冲区。

2. 设定实时时钟指令

设定实时时钟指令的梯形图如附图 1-32 所示。

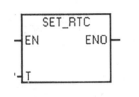

附图 1-32　设定实时时钟指令

T 为时钟缓冲区的首选地址，寻址范围为 VB、IB、QB、MB、SMB、SB、LB、*VD、*LD 和 *AC。

设定实时时钟指令可用来设定实时时钟，当 EN 输入有效时，将含有时间和日期是 8 字节缓冲区（起始地址是 T）的内容装入时钟。

S7-200 系列 PLC 不检查和核实日期是否正确。无效日期（如 2 月 30 日）也可以被接受。因此，必须认为确保输入数据的准确性。

不能同时在主程序和中断程序中使用时钟指令，否则会产生非致命错误，中断程序中的时钟指令将不被执行。

西门子 S7-200PLC 应用案例
（三相异步电动机启停控制）

要求用西门子 S7-200 系列 PLC 来控制三相异步电动机的启动和停止。

系统具体控制要求如下：

（1）按下启动按钮 SB1，电动机启动并连续运行。

（2）按下停止按钮 SB2 或热继电器 FR 动作时，电动机停止运行。

【任务实施】

步骤一　系统功能分析

根据系统控制要求可知，SB1 是启动按钮，SB2 是停止按钮，当按下启动按钮 SB1 时，KM 线圈得电并自锁，电动机启动并连续运行；当按下停止按钮 SB2 或热继电器 FR 动作时，电动机停止运行，使用西门子 S7-200 系列 PLC 作为系统的控制器实现控制要求。

步骤二　I/O 地址分配

根据项目的控制要求，需要给系统分配一个启动按钮、一个停止按钮和一个热继电器开关，控制三相异步电动机启停的输出信号 KM，因此具体输入/输出地址分配如附表 2-1 所示。

附表 2-1 I/O 地址分配表

输入			输出		
输入设备	对应 PLC 端子	功能说明	输出设备	对应 PLC 端子	功能说明
SB1	I0.0	启动按钮	KM	Q0.0	接触器（电动机运行）
SB2	I0.1	停止按钮			
FR	I0.2	热继电器			

步骤三 主电路及 PLC 控制电路接线图

一、主电路设计与绘制

根据项目任务要求分析，主电路由交流接触器 KM 控制三相异步电动机运行和停止，其中低压断路器（QF）控制接通主电路电源，熔断器（FU）是短路保护，热继电器（FR）是电动机的过载保护。主电路绘制如附图 2-1 所示。

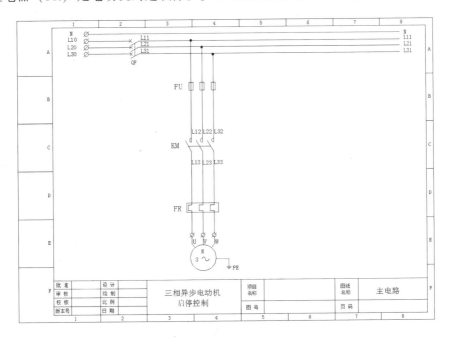

附图 2-1 三相异步电动机启停控制主电路接线图

二、PLC 控制电路设计与绘制

根据控制功能要求分析，PLC 控制电路输入信号有三个，输出信号有一个，再根据 I/O 地址分配表，绘制该项目的 PLC 控制电路接线图，如附图 2-2 所示。

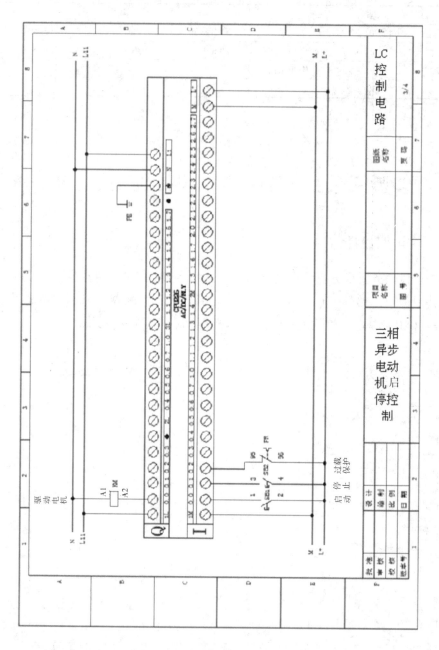

附图 2-2　西门子 PLC 控制电路接线图

步骤四　器材准备

本项目实训所用元器件的清单，如附表 2-2 所示。

附表 2-2　三相异步电动机启停控制实训元器件清单

序号	名称	规格型号	单位	数量	备注
1	电源	AC 220V、380V			
2	低压断路器	DZ47LE-32 D6 AC380V	个	1	3P+N
3	低压断路器	DZ47LE-32 C6 AC220V	个	1	1P+N
4	常开按钮	DC 24V（非自锁）	个	2	
5	熔断器及配套熔芯	RT18-32	个	2	3P，1P
6	热继电器	JR36-20	个	1	
7	交流接触器	CJX2-3210	个	1	
8	三相异步电动机	YS-W6314 180W 380V 0.63A	台	1	
9	PLC 主机	CPU226 或自定	台	1	AC/DC/RLY
10	PLC 通信电缆	PC/PPI	根	1	
11	计算机	自定	台	1	
12	接线端子	自定	个	若干	
13	数字式万用表	MY60 或自定	台	1	

步骤五　程序设计

根据系统的控制要求，编写控制程序。三相异步电动机启停控制的梯形图编写如附图 2-3 所示。

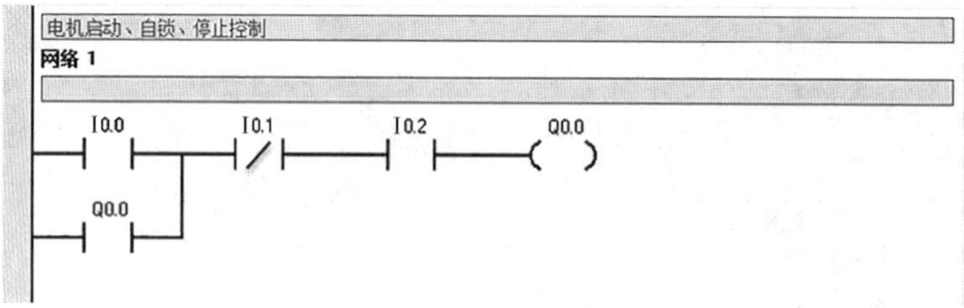

附图 2-3 三相异步电动机启停控制梯形图（西门子 PLC）

步骤六 程序录入

将设计完成的程序样例，录入计算机中，程序输入的关键步骤如附表 2-3 所示。

附表 2-3 程序输入步骤

序号	内容	图示	操作提示
1	打开编程软件	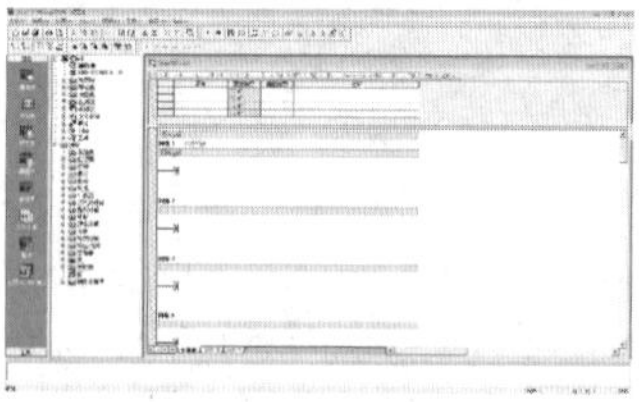	双击程序图标，运行 STEP 7-Micro/WIN 编程软件
2	创建新工程	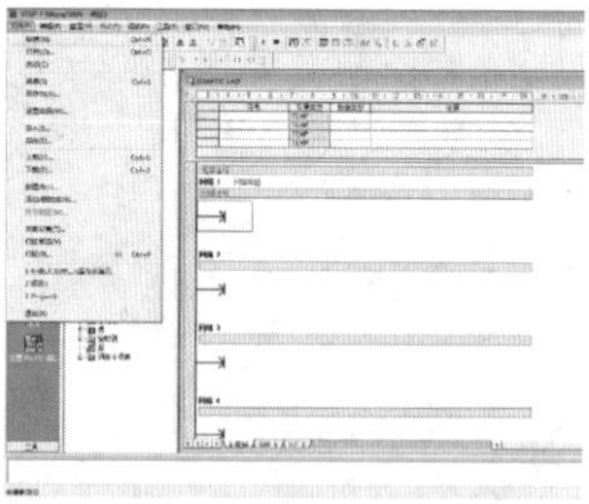	打开软件之后出现工作界面，创建新项目文件： （1）可用菜单命令"文件"—"新建"按钮 （2）可用工具条中的"新建"按钮来完成
		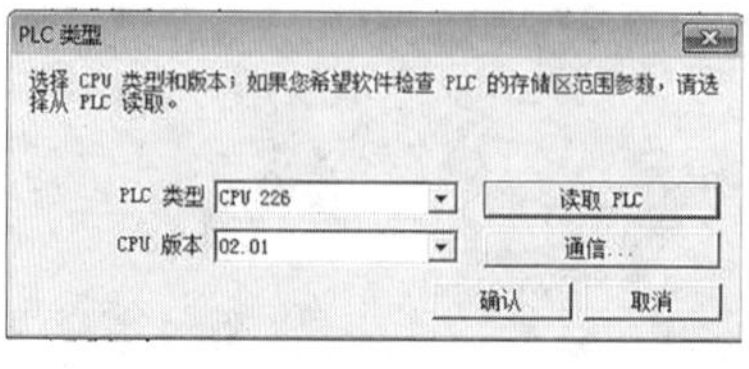	用菜单命令"PLC"→"类型"，调出"PLC 类型"对话框：单击"读取 PLC"按钮，由 STEP 7-Micro/WIN 自动读取正确的数值。单击"确认"，确认 PLC 类型

续表

序号	内容	图示	操作提示
3	程序输入	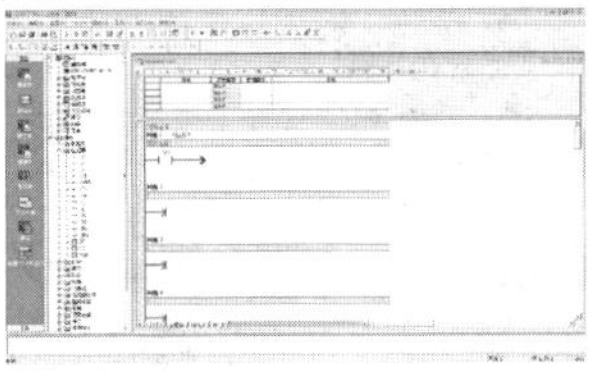	从指令树中选择指令，将指令拖曳至所需位置，释放鼠标按钮；或双击该指令，将指令放置在所需的位置
4	编译	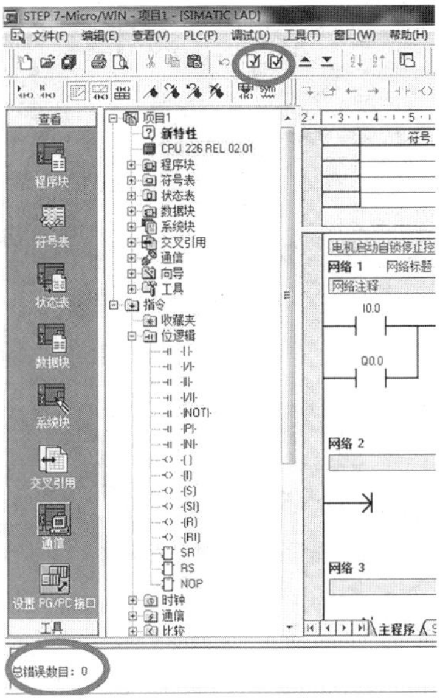	用户程序编辑完成后，需要进行编译，编译方法如下： (1) 单击"编译"按钮 ☑，或选择菜单命令"PLC"—"编译"，编译当前被激活的窗口中的程序块或数据块 (2) 单击"全部编译"按钮 ☑，或选择菜单命令"PLC"—"全部编译"，编译当前全部项目元件（程序块、数据块和系统块） 编译结束后，输出窗口显示编译结果。只有在编译正确时，才能进行下载程序文件操作
5	下载		程序经过编译后，方可下载到 PLC。 (1) 下载前要先做好与 PLC 之间的通信参数设置，PLC 必须在"停止"工作模式。如果 PLC 没有在"停止"状态，单击工具条中的"停止" ■ 按钮，将 PLC 置于"停止"模式 (2) 单击工具条中的"下载" ⬇ 按钮，或用菜单命令"文件"—"下载"，出现"下载"对话框。可选择是否下载"程序代码块"和"CPU 配置"，单击"下载"按钮，开始下载程序

179

续表

序号	内容	图示	操作提示
6	运行调试	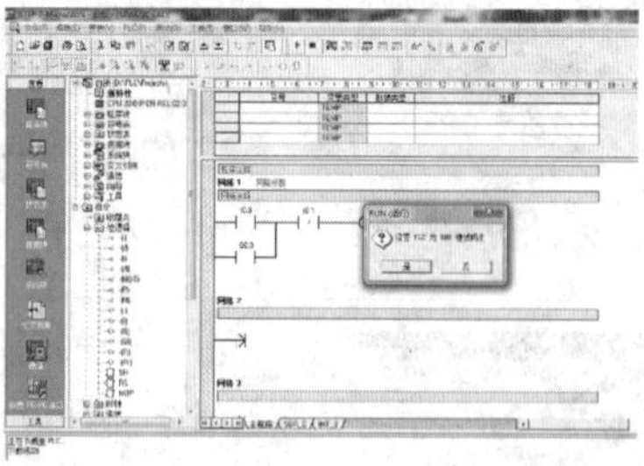	（1）下载成功后，单击工具条中的"运行" ▶ 按钮，或菜单命令"PLC"—"运行"，PLC 进入 RUN（运行）工作模式
		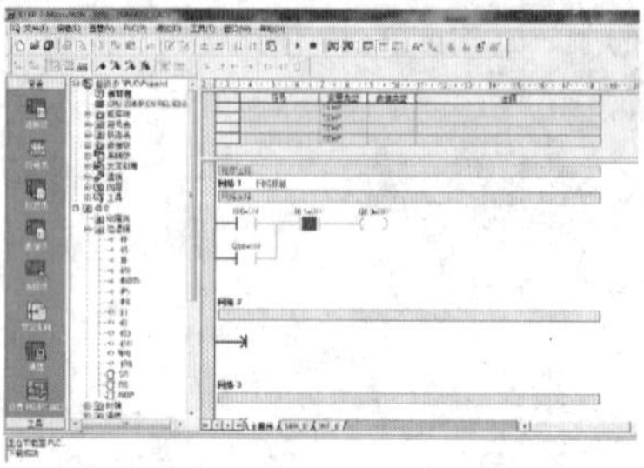	（2）在工具条中单击"程序状态监控" 按钮，或用菜单命令"调试—程序状态"，在梯形图中显示出各元件的状态。这时，闭合触点和得电线圈内部颜色变蓝
		（3）结合程序监视运行的动态显示以及影响程序运行的因素，然后退出程序运行和监控状态，在停止状态下对程序进行修改编辑，重新编译、下载，监视运行，如此反复修改调试，直至得出正确的运行结果	

步骤七　系统调试

提示：

必须在教师的现场监护下进行通电调试。

通电调试，验证系统功能是否符合控制要求。调试过程分为两大步：程序输入和功能调试。

（1）根据系统主电路及 PLC 控制电路接线图，将 PLC 的 I/O 接口与外部控制信号开关连接好。

（2）待程序文件下载到 PLC 中后，将 PLC 运行模式的选择开关拨到 RUN 位置，使 PLC 进入运行方式。

（3）调试程序并试运行，观察控制效果，并记录运行情况。

· 分别按下启动按钮 SB1 和停止按钮 SB2，对程序进行调试运行，观察程序的运行情况。若出现故障，应分别检查硬件电路接线和梯形图是否有误，修改后，应重新调试，直至系统按要求正常工作。

- 记录程序调试的结果，填入附表 2-4 中。

附表 2-4　系统功能调试情况记录表（学生填写）

序号	项目	完成情况记录			备注
		第一次试车	第二次试车	第三次试车	
1	按下启动按钮 SB1，电动机启动并连续运行	完成（　）	完成（　）	完成（　）	
		无此功能（　）	无此功能（　）	无此功能（　）	
2	按下停止按钮 SB2，电动机停止运行	完成（　）	完成（　）	完成（　）	
		无此功能（　）	无此功能（　）	无此功能（　）	
3	热继电器 FR 动作，电动机停止运行	完成（　）	完成（　）	完成（　）	
		无此功能（　）	无此功能（　）	无此功能（　）	

【项目拓展】

根据对西门子 S7-200 系列 PLC 控制三相异步电动机启停控制的学习，请同学们思考该如何使用西门子 PLC 实现教材中项目三、项目四、项目五、项目六四个项目的控制任务，记录实施步骤及实施过程中遇到的问题和解决方法。

参考文献

［1］ 廖常初 . PLC 编程及应用 ［M］. 北京：机械工业出版社，2007.

［2］ 徐国林 . PLC 应用技术 ［M］. 北京：机械工业出版社，2011.

［3］ 黄永红 . 电气控制与 PLC 应用技术 ［M］. 北京：机械工业出版社，2011.

［4］ 陶权，韦瑞录 . PLC 控制系统设计、安装与调试 ［M］. 北京：北京理工大学出版社，2011.

［5］ 孙海维 . 可编程控制器应用 ［M］. 北京：中央广播电视大学出版社，2007.

［6］ 周劲松，刘峥，李德尧 . 机电一体化技术 ［M］. 长沙：湖南大学出版社，2012.

［7］ 西门子公司 . SIMATIC S7-200 可编程控制器系统手册 ［Z］. 2012.

［8］ 西门子工业支持中心官网，https：//support. industry. siemens. com/cs/start？lc＝zh-CN.